給孩子的
最萌便當

日本花式便當大獎得主
neinei 著

目錄

夏季便當

秋季便當

冬季便當

第四章　藏在故事裏的花式便當

繪本與繪畫便當

可愛卡通便當

春節便當

廚房裏的親子時光

第一章

愛在孩子們的餐桌

每天花式不同的便當，香噴噴的飯菜……

或與家裏人一起圍桌共坐，
或在幼兒園、學校裏帶着興奮的心情打開便當盒……

吃着媽媽用心烹製的美食，
咀嚼着家庭之愛，
美味、熟悉、安心、滿足、幸福的心情，
在與家人或小朋友們一起的歡聲笑語中，
度過的每一瞬的「食光」，
都將成為孩子們人生裏不可替代的養分。

總有一天，
你們會長翅膀遠走高飛，
所以現在，
讓媽媽好好為你們做便當吧！

在最近的距離
和你們一起成長

今天剛剛給孩子們過完13歲生日，為他們做花式便當的日子也進入第十個年頭。每年帶着無限的感恩之心迎來這一天，做好生日蛋糕，預備一桌他們愛吃的飯菜，點燃蛋糕上的彩燭，一起唱着生日快樂歌，錄下視頻給爺爺奶奶外公外婆，然後開心地看着他們拆開禮物盒時那驚喜的表情……歲月真是轉瞬一般，第一次看到他們，第一次觸摸他們的記憶，彷彿還在昨天，一晃他們長成將近一米七的大男孩了，有一天兒子站在我身旁，笑瞇瞇地看着我說：「媽媽好像矮了啊！」沒想到這麼快就能聽到這句話，孩子，是你們長高了啊！

時而會回想起那一年，我懷着雙胞胎的身子，剛剛六個月，走在街上就被以為是臨盆產婦，連陌生的老奶奶也會趕過來攙扶囑咐我不要跌倒。在胎兒還只有1kg左右時，由於切迫早產，我住進了醫院。妊娠後期兩個月是胎兒發育眼睛等重要器官的關鍵時期，所以我告訴自己無論如何也要堅持到足月生產。

入院初期行動被約束，長時間臥床不允許走動，日夜躺着吊安胎針。住院時除了必備的用具，只帶了一個小小的速寫本和一支針管筆，因為我情況較

嚴重，住在病房的最裏一間房，基本是單人房間狀態。那時雖然身體處於危險狀態，腦子裏想着未來孩子們的樣子，心裏卻好像帶着信仰一樣充滿了陽光和希望，護士都說沒見過這麼從容穩重的患者。

從醫生允許我坐起來，我就開始對着孩子們的B超片，畫着他們的想像畫。一直畫到懷孕第37週後半週，身體重得再也坐不起來。孩子生出來時，醫生和護士都說孩子長得和我畫的一樣。

當年，正是我事業順遂之時，注意到自己身體的變化，難免對未來的生活和工作產生遲疑和不安的情緒。在一次工作結束後的歸途電車上，我不知不覺睡意朦朧，夢裏天上一片耀眼的白光，一個白嫩可愛的胖娃娃，手裏拿着銀匙，匙裏盛着當時我最愛吃的芒果布丁，娃娃從白光裏探出身把銀匙送到我嘴邊，我一張嘴便醒了，發現透過車窗

的夕陽正照射在我臉上……

那個時候還不知道有「胎夢」這個詞，但是覺得是懷孕告知夢，那孩子可愛的臉蛋，讓我消除了所有雜念，我曾經在一幅畫的背面寫上：「既然你們選擇了我，我一定會好好養育你們！」五年後，渡過祝福幼兒成長三階段的「357節」，為孩子們在照相館拍攝紀念照，看到選片大螢幕上映出的他們天使般可愛笑臉的照片時，突然想起夢中那個娃娃！就是這張臉啊！只是現在眼前的是一模一樣的兩張笑臉！震撼和感動讓我濕潤了眼眶，更神奇的是孩子們第一次吃芒果布丁，就愛上了這個甜品。

這個胎夢，讓我在之後懷着他們的時間裏，度過了人生最自信、最安心、最充滿信任和憧憬的時期。

我的病房，只有兩張床，除了我是常住患者外，旁邊的床偶爾會住進急患。在這裏曾遇到幾位短期住院的急

患，其中鈴木女士讓我印象深刻。

斯文娟美的鈴木女士因為切迫流產入院，她的胎兒當時才三個月，家中留下四歲的兒子入院的她，進病房就開始哭，她擔心肚子裏的孩子同時想念兒子，我跟她聊天寬慰她，聽她告訴我男孩子四歲時是如何的可愛，就像小情人一樣，一分鐘都不想離開。直到親朋來探病時告訴她：「小傢伙開始想媽媽，後來就自顧自玩得很歡了。」她才平穩下來。她恢復得很快，短短的幾天我們成了好朋友，臨出院時，她為我摺了兩隻紙鶴，祝福我的孩子們平安生產。鈴木女士後來誕下可愛的女孩，至今我們每年都會互相聯絡匯報孩子們的成長資訊。

入院期間，我收到來自世界各地的朋友們充滿愛心的禮物，每天靜靜地望着窗外變換的白雲、漸漸禿去的樹枝，和漫天飄灑的雪花，畫着填滿朋友們祝

福的畫。孩子們出生的那個冬天下了好大的雪，放眼望去白茫茫一片。

在娘胎裏的弟弟非常頑皮，每次檢查聽胎心都找不到他，但是只要護士對着肚子説一句「こんにちは（你好）」，這小子馬上就會出現（笑），而哥哥卻老老實實一直都在原地。

孕婦會有情緒不安期，懷孕初期我還一直在東京工作，那個時候最安慰的是每次上班路上聽《夢見北極光》（我當時最喜愛歌手的歌），同時讀一些令孕婦身心安定的書，其中有一本是《我選擇了你》的詩集，給我很多感動，也一直相信是孩子們選擇了自己，所以要做個合格的媽媽，對得起他們的選擇。

醫院每天的營養餐很難吃，但就是那些營養造就了「超越」（雙胞胎兒子哥哥名「超」；弟弟名「越」）的健康。我詳盡地記錄了每頓飯的菜譜，兩個月內吃到重複內容的飯菜很少。或許

SHINKANSEN

就是這時的飯菜，讓我重新認識了飲食對人體的重要性。

懷孕進入37週後，身體已經超負荷了。肚皮薄得快透明了，他們在娘胎裏玩太空步時的小拳頭和小腳印都能清晰地看到。腳腫成大象腿，幾乎坐不起來了。給孩子們買了一套白色嘩士的華麗嬰兒服預備出院和祈福時穿著，想像着那個樣子畫他們的時候，看到窗外環成一圈的白雲，畫着《天使誕生》。這幅圖畫得很吃力，但是覺得不畫完，他們一定不肯出來。完成這幅畫我就被換了病房，隨時準備生產。臘月十五的月亮又大又圓，「超越」在37週第5天出生了：體重分別是2.9kg、2.6kg。

陣痛了一夜一天，我一直悶不吭聲地忍着等待順產，狀況緊急，臨時被醫生決定剖宮產。主刀醫生當天已經連續做了四個剖宮產手術，我的手術結束後，醫生累得蹲在手術室裏。因為我有過敏史，麻醉比較少，人特別清醒，感覺到孩子從肚子裏被抱出來時全身一輕，伸手摸了摸孩子的小腳，還在手術台上非常清醒地對主刀醫生表示了感謝之意。

都說女人總是忘記陣痛，所以才能一生再生。陣痛是可以忘記，但孩子出生那一瞬卻永遠不會忘記。一直播放着輕柔音樂的手術室，被小傢伙們出生時的啼聲和醫護人員的歡聲瞬間變成繁華鬧市，那種感覺真是最大的喜慶！

產後再次看到孩子時已是第三天。我全身插滿管子，麻醉效果在手術後迅速消退，各種疼痛一起襲來，四肢不能自己支配，嗓子火燒火燎，只能靠護士餵到嘴裏的冰水漱口。印象裏，從那天起到現在我就再也沒睡過一次安穩的覺了。血壓升高到180，因為身體狀況危急，恢復吃飯時我的配餐只是稀粥，沒有正常產婦配給的營養豐盛的催奶飲食，突然來襲的產後憂鬱症……不安不眠的日夜……出院後，最初每隔兩小時哭一次要喝奶、換尿布的孩子們，慢慢變成一個白天哭、一個晚上鬧。通宵達旦地守護着他們，同時認真地做着詳盡的日記，看着他們長出第一顆小牙的驚喜；接住他們第一步走向我時伸出的小手的欣慰，都成了所有辛苦的最大獎勵。

孩子們還沒滿月就會做笑的表情，雖然那可能只是一種肌肉練習；但是他們現在真的成長為兩個非常愛笑的孩子了。他們的笑曾經被幼兒園的老師稱為「治癒系的笑容」。至今還清晰地記得推着雙座嬰兒車伴隨着超市的音樂，對他們唱「遇見你真好，從現在起一直一直啦啦啦HAPPY萬歲」時我們相對傻笑，並被路過的老奶奶笑的樣子。即使生病去醫院，他們也從來不哭，聽診時就咯咯地笑，並每次都能把醫生和護士

逗笑。

年復一年，我也從握緊他們綿軟的小手帶着他們東奔西走，到現在累了，可以靠着他們的肩膀歇息，遇到爸爸沒時間幫忙的事就去向他們求助，甚至電腦手機不靈，也要喊他們來救援。曾幾何時，那覺得媽媽無所不能所向披靡似的崇拜依賴的眼神，變成了寬容和憐惜。曾幾何時，尋求答案的提問，變成了指引和說服。

無論遇到開心還是難過的事，都能彼此述說和分享，他們從我的快樂天使，成長為我心靈停靠的港灣。和他們一起的這些年月也是我不停腳步學習與他們並肩一起成長的最美好、最充實的時間，是人生中任何金錢榮譽無法替換的珍貴歲月。

親愛的超和越，感謝你們讓我做你們的母親，感謝讓我在最近的距離和你們一起成長！

寶貝，生日快樂

菜譜 *MENU*

●白米飯 ●炸肉排 ●馬鈴薯芝士沙律 ●火腿蛋花卷 ●獅子狗卷蟹肉棒卷
●清炒芸豆 ●鹽水西蘭花 ●甜煮紅蘿蔔 ●紅腸花

小白熊、小白兔製作

材料：白米飯，火腿片，海苔，黑芝麻

做法：

① 用保鮮紙包米飯，分別捏成一個主體球形飯糰做小熊和小兔的頭。再用保鮮紙包米飯做出兩個橢圓形當小熊耳朵；小兔做兩個條狀飯糰，捏成兩個小飯糰。用乾意粉*將飯糰按圖固定。

② 火腿剪圓片。

③ 海苔剪出眼睛、鼻子和嘴巴，黏貼在飯糰上。

*乾意粉指意大利麵條在未經過水煮加熱前的狀態。意粉由硬質小麥製成，耐煮有口感。在花式便當裏，常用乾意粉代替牙籤固定和連接各種花式組件。乾意粉在吸收了菜餚或米飯水分後，會自動變軟，食用安全同時不影響口味。

火腿薯蓉沙律蛋糕製作

材料：馬鈴薯，火腿片，芝士片

做法：

① 馬鈴薯蒸熟，去皮搗碎，與切碎的火腿片一起加適量鹽拌勻，用保鮮紙包裹做球形。

② 火腿片和芝士片用模具壓成花形，用水果籤固定在①上。

HAPPY
BIRTHDAY

HAPPY
BIRTHDAY

第二章
零基礎花式便當教室

花式便當常給人看上去繁複難做的錯覺；其實，只要掌握簡單的技巧，任何人都能做出漂亮可愛的便當。一次便當的造型，可以簡單地使用保鮮紙、小剪刀和兩三個模具。掌握利用食材本身的色彩進行造型更為重要，色彩的對比、搭配、疊壓後出現的陰影，都可以用來造型。用柴魚乾表現毛茸茸的小熊，把摺疊的火腿片切刀後捲出火腿花等。西蘭花含有豐富的營養成分，可以用它來做便當常備的填充菜，在聖誕節期間，還可以將它變身為聖誕樹。

工具是輔助，便當的核心是吃便當的人。孩子在怎樣的環境、怎樣的身體狀態下，需要什麼樣的營養是最重要的；其次才是便當要表現的主題。有了這種概念，對食材選擇的針對性和創作靈感便會油然而生，媽媽和孩子們都能擁有正確、健康、愉快的便當生活。

01

從這些工具開始花式便當之旅

擁有一定的基本工具，
可以令花式便當的製作過程變得更加快捷，
造型更加漂亮。

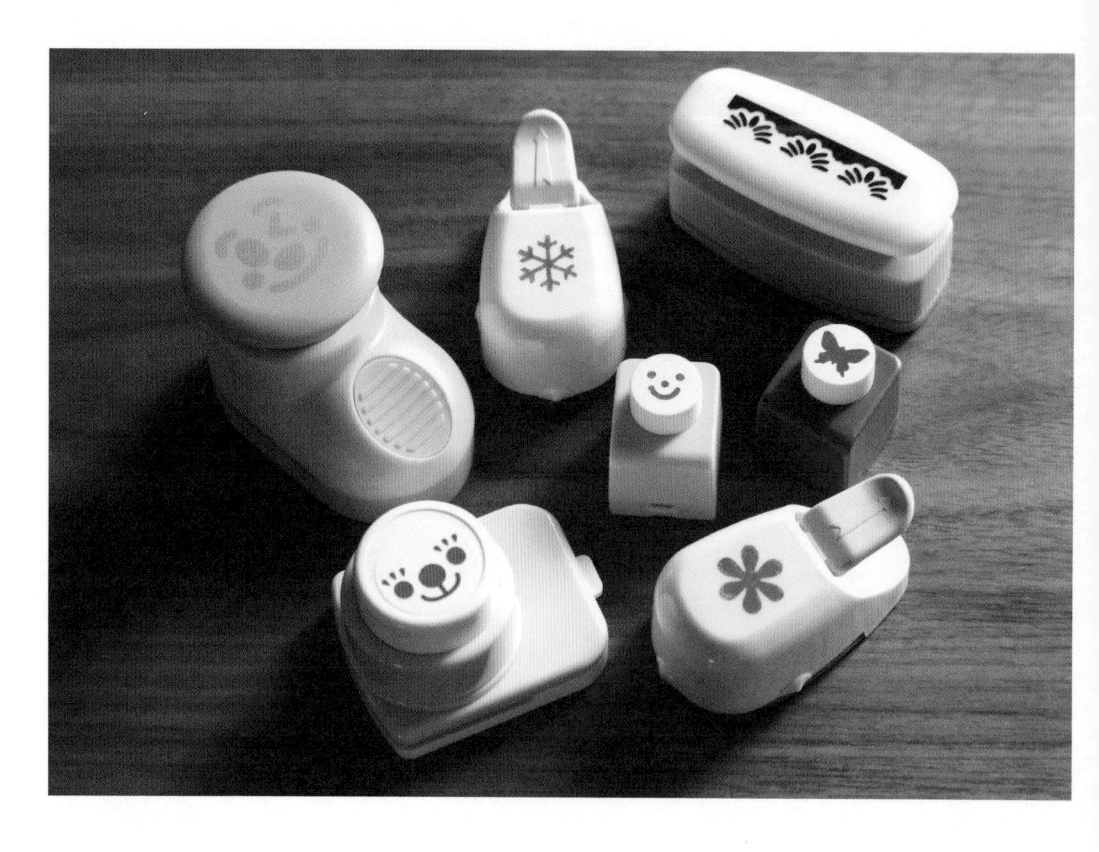

各種海苔夾

海苔夾可以在較短的時間裏剪刻出各種形狀的海苔，規則而且工整。

模具

在火腿片、芝士片及蔬菜等需要做出花式形狀時，採用模具會十分輕鬆地完成。除蔬菜模具外，還可以活用甜點模具。

紙盛杯和矽膠盛杯

盛杯可防止菜餚的味道混合，令便當更整潔。兒童便當可選擇色彩鮮艷、形狀不同的盛杯，使便當造型看上去活潑可愛，提高食慾。一次性紙盛杯可減輕清洗飯盒的負擔；矽膠盛杯清洗後可以反複使用，經濟且實惠。

隔紙

隔紙可防止菜餚之間移動和味道混合，同時也可以增加便當的色彩、豐富造型，除了用成形的隔紙外，還可以運用沙律菜等作為隔擋。

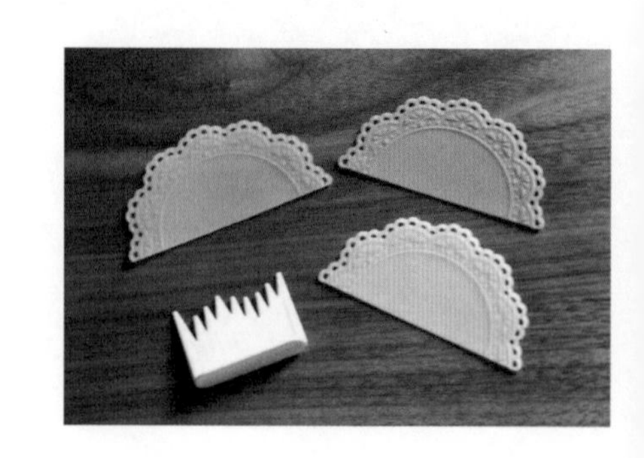

各種水果籤

水果籤在吃塊狀的菜餚或水果時十分便利，

同時，使用水果籤也可令便當形象更多樣有趣。

菜刀、小剪刀、鑷子

花式便當除了普通的烹飪菜刀外，

備用小而輕便的菜刀，更利於花式的製作。

小剪刀可以代替海苔夾剪出各種形狀的海苔，同時也可以修剪火腿片。

選擇小剪刀時，建議選擇尖頭或尖頭微翹的。

尖頭小鑷子，是黏貼海苔及點綴細小裝飾時的最大幫手。

各種筷子架

筷子架不僅讓放置筷子時更方便衛生，

同時可以為餐桌增添色彩。

02

選對便當盒，你成功了一半

造型古樸的日式便當盒，木製、竹製、竹編便當盒

這種類型的便當盒，很好地保持米飯的滋潤，讓食物看上去更有食慾。

便當盒的選擇是做便當的一個重要環節。除了根據孩子不同時期的飯量選擇容量不同的便當盒外，單盒還是套盒；外觀形象、簡潔整齊或可愛俏皮；材質是木質、塑膠、鋁製或不銹鋼，都會對便當內容和觀感有一定的影響。建議預備兩個以上便當盒，可以根據每天的情況及菜餚內容，更換不同的款式。

造型及色彩多樣活潑的塑膠便當盒

這種類型的便當盒，不僅外觀可愛，而且密封狀態良好，開閉方便，比較便利孩子攜帶。

03

米也有分類嗎？

便當的米飯
可以有多種選擇，
時常變變花樣，
常保新鮮味覺。

黑米

或稱紫米、紫黑米，屬糯米類，為稻米中的珍貴品種，營養豐富，有「長壽米」之稱。

玄米（糙米）

稻穀去掉稻殼後的米，未被精白，富含維他命、膳食纖維和礦物質，作為健康食品備受矚目。

白米

稻米精製米。呈半透明狀，富有口感香味，是被廣泛喜愛的主食之一。

十穀玄米

糙糯米、白糯米、黑大豆、紅糯米、薏仁、黑糯米、小豆、黍米、糯米粟、小米的結合物，是深受歡迎的滋補佳品。

04 米飯的色彩秘密

1. 棕色米飯

材料：魚露，白米飯

做法：將魚露混入白米飯，攪拌均勻。

2. 粉色米飯

材料：莧菜汁（或煮草莓、火龍果汁等），白米飯

做法：將莧菜汁（或花壽司素）混入白米飯，攪拌均勻。

3. 紫色米飯

材料：黑米（或紫茄汁），白米

做法：煮白米飯時混入少許黑米，或用紫茄汁拌飯。

4. 綠色米飯

材料：菠菜粉，白米飯

做法：將菠菜粉混入白米飯，攪拌均勻。

5. 黃色米飯

材料：熟雞蛋黃，白米飯，鹽少許

做法：將煮熟的雞蛋黃搗碎混入白米飯，加少許鹽，攪拌均勻。

6. 橙色米飯

材料：番茄醬（或三文魚鬆），白米飯

做法：將番茄醬（或三文魚鬆）混入白米飯，攪拌均勻。

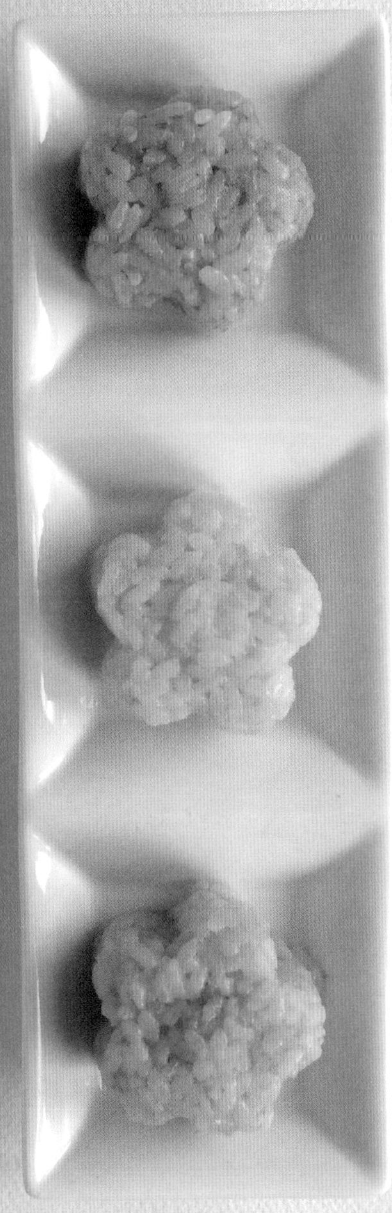

05

可愛臉龐的黃金比

花式便當經常出現各種動物和娃娃形象。在製作時，為了滿足嬰幼兒的喜好，可以將飯糰做成圓形或略微橫長的橢圓形，在黏貼海苔做的眼睛時，最好放在中線以下，五官稍集中些，這樣看上去就會顯得非常可愛。

AKANO
AKANO

06

三分鐘日式創意

火腿花

選擇薄火腿片，將火腿上下對摺，
在摺疊處從右至左順序切5mm寬的刀口，
將切了刀口的部分向上捲起火腿片，
用乾意粉固定。

蛋卷火腿花

火腿及蛋皮分別對摺，
各在摺疊處連續切長寬各5mm的刀口，
先將火腿片從頭捲起做火腿花，
再將蛋皮包裹着火腿花捲起，
最後用乾意粉固定。

火腿蛋卷花

火腿及蛋皮分別對摺，各在摺疊處連續切長寬各5mm的刀口，
先將火腿片和蛋皮疊放一起，從頭捲起，最後用乾意粉固定。

香腸花

香腸從中間切開，在斷面處用模具刻印花形，
在花形的凹處切刀口，用沸水灼後成花。

香腸糖果

香腸切掉兩頭，
中間部分交錯切刀口，放入沸水灼過後，
將香腸兩頭對向放在中間部分的兩端，
用乾意粉串起。

香腸玫瑰

將香腸頭切井字，
圍繞香腸頭豎切刀口一周，
向下移動同樣再豎切刀口一周，
用沸水灼後成玫瑰形狀。

香腸紅心

紅腸從中間斜切開來，
反過來對放在一起，用水果籤串起。

香腸章魚

香腸下部斜切，在斜長部分切刀口後用沸水略灼。
然後黏貼芝士片和海苔眼睛，及火腿做的嘴巴。

香腸魷魚

將火腿片切一半，頂部左右各切開刀口，
捲起下半部分，纏繞在香腸上，香腸做法參見p.49。

秋葵海苔蛋卷

秋葵灼熟，擦乾水分。

蛋液加少許生粉水和鹽攪拌均匀。

將1/3蛋液倒入燒熱的煎蛋器，略熟後放進秋葵捲起第一層，

再倒入剩下的1/3蛋液，鋪上海苔和第一層一起捲起，

將最後的1/3蛋液倒入，捲起煎熟，

涼後從中間切成兩段。

蟹肉棒蘋果蛋卷

蛋液加少許生粉水和鹽攪拌均勻，
將1/3蛋液倒入燒熱的煎蛋器，
略熟後放進對貼的蟹肉棒捲起第一層，
再倒入剩下的2/3蛋液，捲起煎熟，
涼後從中間切成兩段，
放上灼熟的西蘭花莖和黑芝麻。

香腸橡子果

蘑菇去莖，用醬油、味醂燉熟、擦乾，
香腸灼熟、切頭，用油炸乾意粉串起。

獅子狗卷秋葵花

秋葵用鹽水灼熟，擦乾，切成兩段，
獅子狗卷切一圈刀口，把秋葵插進卷口。

獅子狗卷蟹肉棒花

蟹肉棒展開成片，對摺後切刀，捲起成花，
獅子狗卷切一圈刀口，把蟹肉棒花插進卷口。

魚糕玫瑰

用刮刀將魚糕（也可用較粗的魚肉香腸代替）刮薄片，
摺疊着捲起。

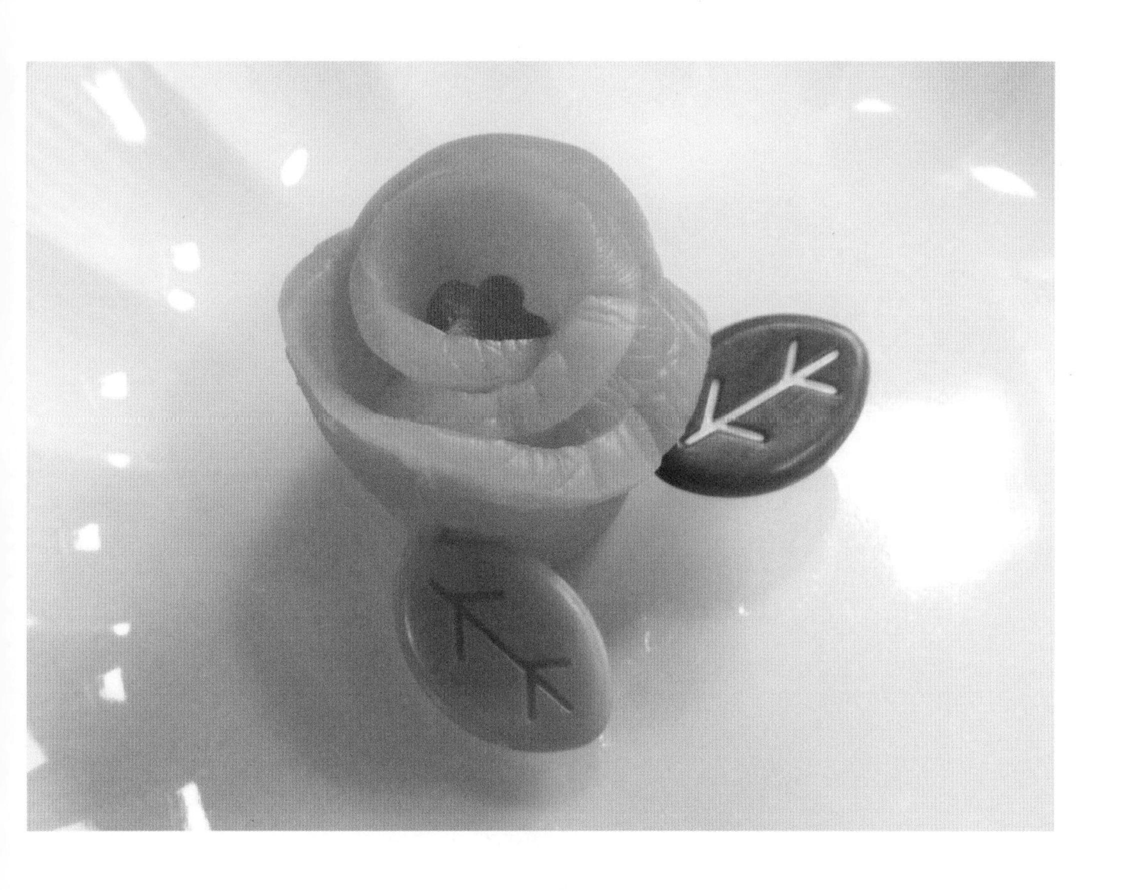

醃蘿蔔玫瑰

醃蘿蔔切三至五片薄片，重疊捲起，

中間加上紅蘿蔔細絲。

魚肉腸小兔

魚肉腸切成三片，一片對切成兩半做耳朵；一片做面孔；
一片用模具切出形狀後做底座，用乾意粉連接。
海苔剪出五官，黏貼在中間面孔部分。

香腸小兔

粗香腸切頭部做小兔面孔，
細香腸豎切兩半做耳朵；
魚肉腸用模具切出形狀做底座。

鵪鶉蛋小兔

魚糕切兩小條做耳朵連接在鵪鶉蛋上，

用海苔剪出眼睛和嘴巴，魚肉腸用模具切出形狀後做底座。

車厘茄娃娃

用芝士片切小圓做眼白；火腿做腮紅；

海苔剪出眼睛和嘴巴。用蛋黃醬、沙律醬或番茄醬做漿糊黏貼。

鵪鶉蛋小兔

紅蘿蔔灼熟，切兩根小條做耳朵；火腿片做腮紅；海苔剪出五官。

用蛋黃醬、沙律醬或番茄醬做漿糊黏貼。

西瓜

青瓜切片；紅蘿蔔切片，用同樣的圓形模具扣圓後，切成兩半，

將紅蘿蔔的半圓契合在青瓜上，黏上三顆黑芝麻。

第三章

藏在四季裏的花式便當

春季便當

家附近有兩個公園，一個是鄰居們時常利用的小型公園，有簡易的健身器具，紫藤廊和孩子們遊戲用的沙場、鞦韆、搖車、滑梯及足球場。公園裏可以遙看地標塔，召開四季各種集會。春天時櫻花燦爛炫目，配着本地區唯一的大型遊樂園式圓木屋，景色別具風味。圓木屋裏面有不少純木質的遊戲和鍛煉用的器具，是小朋友們放學後的集中地。孩子們小的時候，我幾乎每天都帶他們來這裏與大家一起玩耍。

另一個則是市內其他學校遠足的著名景點——森林公園。森林公園和日本最古老（1866年）的洋式競馬場相連接，有著名的「競馬紀念公園」。整個公園佔地面積184,059㎡，四季鮮明，除了馬匹博物館、乘馬場外，還有散步路、草坪廣場、櫻花山、梅林、自由廣場、備有貫穿山坡的長滾滑梯的玩具廣場、花園咖啡店和碧綠的池塘等。每年都吸引大批踏青賞花的人們前來遊玩。這裏空氣清新，春夏秋冬極盡美麗，也是我們晨跑和夏日曬太陽的好地方。

相傳，日本的櫻花樹是「稻神寄身的樹」，櫻花盛開時稻神來到山下和人們一起分享美食，祈禱豐收。平安時代貴族中流行開宴詠誦詩歌，以及讚美櫻花的「觀櫻儀式」。至江戶時代，日本各地出現了大量櫻花名勝景區，漸漸形成現在的春季賞櫻花行樂。

百年櫻木新花絢爛，繽紛的花樹下親朋好友歡聚一堂，是日本春季最美的風景之一。每年三月中下旬，櫻花盛開的週末，我就會連夜備料，凌晨起來做三四盒家族式套餐便當，中午前後太陽暖起來時，帶着孩子們一起去公園賞花野餐。

森林公園的賞花大會有當地鼓樂隊前來助興，會場人山人海，吃喝談笑，熱鬧非凡。賞花最有趣的，不僅是看花，還有看賞花的人：有職場的同僚擺桌對飲；有家族親人團聚歡笑；有時還會看到幾十人的大群年輕男女在草坪上鋪好塑膠墊布，擺出摺疊長桌，周圍放上許多箱啤酒和飲料，每人身上掛着名牌，上面寫着姓名、出生地和愛好，不知是大學新生或職場新人交誼，還是相親大會。日本四月開始新年度，所以畢業季和開學新工作帶來的再見與相逢，都在盛放的櫻花下演繹着淡粉色的劇情。

最單純的是孩子們，只要有美食，有爸爸媽媽的陪伴，就會感到幸福滿足。吃飽喝足，他們開始在柔嫩的草坪斜坡上打起滾來，然後繞場跑一周，再回到爸媽身邊裹上毛毯躺着曬太陽。

據說櫻花在清晨和晚上著露時最嬌美，所以日本人也很喜歡賞夜櫻，比較大的櫻花景點都會有景觀照明，夜色中的櫻花別有一番妖艷和夢幻感。櫻花不僅盛開時絢爛，散花時也優美，四月的晴天裏逆光翩飛的花瓣，彷彿陽光的鱗片。當年五歲的兒子，肉肉的小手捧着粉色的櫻花瓣笑嘻嘻地跑到我跟前說：「媽媽，給你SAKURA SNOW（櫻花雪）！」

01 賞花便當

一起去看四月晴天裏逆光翩飛的花瓣。

菜譜 MENU

(圖 1) ● 白米飯 ● 三種菜鹽飯 ● 鹽水蘆筍 ● 魚糕櫻花

(圖 2) ● 草莓櫻花慕斯

(圖 3) ● 炸大蝦 ● 油炸蝦球雲吞 ● 帆立貝柱可樂球 ● 葡萄 ● 草莓

(圖 4) ● 黑醋糖醋肉排 ● 番薯素炒青菜 ● 多味大蝦 ● 醬肉 ● 炸雞塊 ● 地三鮮 ● 什錦沙律

熊貓飯糰製作

材料：白米飯，海苔

做法：

① 白米飯用模具扣出熊貓形。(圖5)

② 用海苔夾剪出熊貓黑色部分黏貼在熊貓形飯糰上。(圖6)

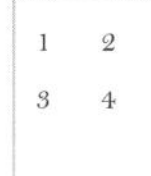

02

踏青便當

一家人公園踏青，是春天最暖的記憶。

菜譜 MENU

(圖1) ●白米飯翅膀 ●火腿片三文魚鬆飯糰小仙子 ●黑芝麻鹽飯糰 ●醬瓜飯糰 ●五色黏米粒飯糰

(圖2) ●三色椒肉卷 ●鹽水大蝦 ●素味蘆筍 ●蟹肉棒海苔蛋卷 ●車厘茄 ●鹽水西蘭花

(圖3) ●雞肉卷夾餡麵包 ●牛肉卷夾餡麵包 ●曼哈頓肉卷批

(圖4) ●草莓 ●奇異果 ●葡萄 ●藍莓 ●牛奶慕斯

03

早春便當

雪中綻放的紅梅是報春的使者。

1
2

菜譜 MENU

- 白米飯 ●蛋味菜鹽米飯
- 番茄醬意粉 ●可樂餅
- 烤三文魚 ●炸雞塊
- 厚煎蛋餅 ●五色沙律菜
- 西蘭花 ●鹽水紅蘿蔔
- 火腿花 ●車厘茄

雪仙子製作

材料：白米飯，粉色蛋味菜鹽米飯，番茄醬意粉，海苔

做法：

① 白米飯拌粉色米飯後，用保鮮紙包裹，捏成一個主體球形飯糰和兩個小圓飯糰，做成面部和雙手。

② 將番茄醬意粉擺在臉形兩側。

③ 在意粉做的頭髮上堆上白米飯做帽子。（圖 1）

④ 用海苔剪出眼睛和嘴。（圖 2）

04

桃花節便當

桃花盛開的季節，將媽媽對女兒的祝福裝進便當。

菜譜 MENU

- 魚露拌飯
- 壽司甜醋米飯
- 炸魚
- 三丁蝦仁
- 煎蛋餅
- 西蘭花
- 火腿花
- 紅腸花
- 車厘茄

小熊小兔雛人偶製作

材料： 魚露拌飯，壽司甜醋米飯，薄蛋餅，魚肉腸，芝士片，蟹肉絲，海苔

做法：

① 白米飯分別拌魚露和壽司甜醋，用保鮮紙包裹，捏成兩個主體球形飯糰做面部；魚露棕色飯糰捏成兩個小球形做耳朵；一個三角形做身體部分。粉色壽司甜醋飯捏兩個條狀飯糰做耳朵；一個三角形飯糰做身體部分。

② 煎薄雞蛋餅，圍在三角形飯糰上，再用蟹肉棒絲做成衣領。

③ 分別用芝士片和粉色魚肉腸做出耳朵及頭飾。

④ 用海苔剪出眼睛和嘴。

05 遠足便當

帶着便當去看山、看水、看世界。

菜譜 MENU

- 魚露拌飯
- 粉色菜鹽米飯
- 煎雞肉塊
- 煎蛋餅
- 西蘭花
- 獅子狗卷火腿花
- 香腸花
- 醃蘿蔔花
- 紅蘿蔔花

小熊小兔飯糰製作

材料： 魚露拌飯，粉色菜鹽米飯，紅腸小帽，紅蘿蔔蝴蝶結，芝士片，海苔

做法：

① 白米飯分別拌魚露和壽司甜醋，用保鮮紙包裹，捏成一個主體球形飯糰做面部；魚露棕色飯糰捏成兩個小球形做耳朵；粉色菜鹽米飯捏成兩個條狀飯糰做耳朵。（圖 1 至圖 5）

② 紅腸切開後，錯開位置對接在一起，用生果籤固定做帽子。

③ 灼好的紅蘿蔔用模具刻成蝴蝶結。

④ 海苔剪出眼睛和嘴，放在芝士片切出的橢圓上。

06

一起去動物園便當

週末開着車和爸爸媽媽一起去動物園吧！

菜譜 MENU

● 魚露拌飯 ● 壽司甜醋飯 ● 炸大蝦 ● 芝士紫蘇肉卷 ● 雙色肉卷
● 火腿蛋花卷 ● 香腸玫瑰花 ● 炸魚肉餅 ● 魚肉腸 ● 車厘茄

小熊飯糰製作

材料： 魚露拌飯，白米飯，芝士片，海苔

做法：

① 白米飯分別拌魚露，用保鮮紙包裹，做成小熊造型；白米飯糰捏小球形做嘴巴。
② 芝士片切花做耳朵。
③ 海苔剪出五官。

小狐狸飯糰製作

材料： 壽司甜醋拌飯，紅蘿蔔，海苔

做法：

① 白米飯拌壽司甜醋，用保鮮紙包裹，捏成三角形飯糰。
② 紅蘿蔔灼好，切三角形。
③ 海苔剪出眼睛、鼻子和鬍鬚。

小汽車飯糰製作

材料： 白米飯，魚肉腸，芝士片，海苔

做法：

① 白米飯用保鮮紙包裹，捏成拱形飯糰做車身。
② 魚肉腸切片，中間黏貼菱形芝士片。
③ 海苔剪出車窗。

獅子製作

材料： 炸魚肉餅，芝士片，海苔

做法：

① 魚肉餅用模具刻成花形。
② 芝士片刻成臉部。
③ 海苔剪出五官和鬍鬚。

07 男兒節便當

五月高升的鯉魚旗是對寶貝健康成長的祝福。

菜譜 MENU

● 番茄醬炒飯 ● 龍田炸雞 ● 炸大蝦
● 豌豆蝦仁沙律 ● 火腿蛋花卷 ● 厚煎甜蛋卷
● 蜜瓜，黃桃，草莓 ● 雙色瑞士卷蛋糕

小男孩飯糰製作

材料：番茄醬炒飯，芝士片，火腿片，紅蘿蔔，海苔

做法：

① 番茄醬拌勻炒飯，用保鮮紙包裹，捏成一大兩小球形飯糰。
② 芝士片和火腿片拼切成頭盔形狀，配上用紅蘿蔔刻出的星形。
③ 用海苔剪出五官。

08 小熊和氣球便當

送你一個氣球，讓我們做好朋友。

菜譜 MENU

●番茄醬炒飯 ●炸魚塊 ●秋葵蛋卷 ●紅腸鯉魚旗

●鹽水西蘭花 ●葡萄，奇異果

小熊武士飯糰製作

材料： 番茄醬炒飯，白米飯，芝士片，火腿片，蟹肉棒，海苔

做法：

① 番茄醬拌勻炒飯，用保鮮紙包裹，捏成一大一小兩個球形飯糰和一個條形飯糰。（圖 1）

② 芝士片和火腿片拼切出頭盔模樣。

③ 白米飯捏成三角形，將蟹肉棒鋪平，貼在三角形飯糰上。用芝士片刻星形裝飾在小熊衣服上。（圖 2 至圖 3）

④ 用海苔剪出五官。

1 2 3

09 照照小僧便當

明天會晴天嗎？

菜譜 MENU

●蛋炒飯 ●壽司甜醋飯 ●可樂餅 ●蟹肉棒蛋卷

●雞肉炒蘆筍蘑菇 ●西蘭花 ●魚肉腸 ●葡萄

照照小僧製作

材料：火腿片，芝士片，海苔

做法：

① 將模具刻出的芝士片和火腿片疊壓。

② 黏貼海苔剪出的五官。

紫陽花飯糰製作

材料：蛋炒飯，壽司甜醋飯，魚肉腸，芝士片，乾意粉

做法：

① 將蛋炒飯和壽司甜醋飯用保鮮紙包裹，各捏成球形飯糰。

② 芝士片和魚肉腸片刻出花形，用乾意粉分別固定在飯糰上。

10

小兔雨季便當

紫陽花是雨中的花傘。

菜譜 MENU

● 白米飯 ● 蛋味菜鹽飯 ● 豌豆蛋卷花 ● 雙色肉卷 ● 炸鱈魚塊 ● 魚糕 ● 西蘭花 ● 魚肉腸 ● 蜜瓜

小兔飯糰製作

材料： 白米飯，三文魚鬆，魚肉腸，紅蘿蔔，海苔

做法：

① 將白米飯包上三文魚鬆，用保鮮紙包裹，捏成球形飯糰；另捏成兩個小球形飯糰。（圖 1）

② 魚糕切較厚的條狀飯糰做成小兔耳朵，裝飾上魚肉腸和紅蘿蔔。

③ 海苔剪出五官。（圖 2）

紫陽花飯糰製作

材料： 粉色蛋味菜鹽飯，魚肉腸，乾意粉

做法：

① 將蛋味菜鹽飯用保鮮紙包裹，捏成球形飯糰。

② 魚肉腸切片，刻出花形，用乾意粉固定在飯糰上。（圖 3）

西蘭花青蛙製作

材料： 西蘭花，芝士片，紅蘿蔔，海苔

做法：

① 西蘭花用鹽味開水灼過，瀝乾水分備用。

② 芝士片用牙籤刻出眼睛和嘴；紅蘿蔔灼熟後刻花；海苔剪成兩個圓形。

1
2
3

11 運動會便當

菜譜 MENU

(圖1) 三文魚鬆娃娃飯糰 菠菜蛋皮菠菜鬆飯糰
番茄醬蛋皮蛋黃飯糰 西蘭花

(圖2) 雙色方格雞肉卷 海苔蛋卷 鹽水豌豆 香腸玫瑰

(圖3) 芝麻香雞柳 乾燒大蝦 車厘茄

(圖4) 咖喱肉炸餃子

(圖5) 巧克力芝士球炸雲吞 葡萄 奇異果

1 2
3 4
5

夏季便當

夏天的焰火是日本的風物詩，每年都是焰火大會伴着盂蘭盆節一起宣告着進入暑假，公司、學校大型連休，日本人攜家帶眷歸鄉祭祖拜神，再來個海水浴之後，秋天也就要到了。

每年七月末，電視台會現場直播各地焰火大會的盛況，如果沒時間出門，也可以坐在電視前欣賞有藝人助興的焰火大會。不過，大多數人還是願意自己去體驗。

第一次去焰火大會，是剛來日本不久的一個遙遠的夏天。乘坐的電車接近隅田川站時，人已擠得爆滿。頭上別着各樣髮飾、穿着繪有艷麗花卉的夏日和服、拿着玲瓏織錦手袋或執團扇的女孩子三五成群，嘰嘰喳喳笑鬧不停。開足冷氣的車廂也因為她們而熱氣騰騰。

黛藍色天空被樓房切割成V字形，剛剛隨着人潮湧進狹長的住宅區，焰火散出的花環霍然映入眼簾。大夥一面「喔」、「啊」地感嘆，一面加快腳步。好容易在早已坐得滿滿的人堆裏找到空位坐下來，環顧四周，不免嘆服日本人的井然有序：地面由大家帶來的各色墊布鋪滿，人們將脫下的鞋子裝在塑膠袋中，打開便當盒，開了啤酒罐和軟飲料（酒精含量低於0.5%的天然或人工配製飲料），身邊還不忘放上口袋以備收拾吃剩下的垃圾……

焰火在夜空中閃爍不停：有日本傳統的多重花芯向外大朵綻放的「菊花」；亦有飛揚的金星緩緩墜落；在消失之際劈啪地碎成點點光露的「垂柳」；有輝煌斑斕的「彩色滿星」；萬華鏡似的「未來花」；如星光飛雪的「漣漪菊」；更有各色小蕊齊放的「彩色千朵菊」……當飛來飛去的銀蜂「飛遊

星」閃爍之後的小憩一過，造型簡單風趣的「草帽」、「米老鼠」、「風信子」、「眼鏡」、「笑臉」等焰火便升上天空。因為角度不同，天上那火星有時會走了形，有時會散了架，人群中不時傳出陣陣哄笑聲，大人小孩兒們齊聲叫喊着它們的名字，一直屏氣凝神的會場笑浪滾滾，氣氛變得和緩而鬆弛。時近尾聲，隨着音樂四起，鎏光傾瀉的「星之海」將焰火大會推向了高潮。震耳欲聾的爆裂聲和人們的歡呼聲纏成一團，在夏夜裏遠遠地擴散開來。

第二次跑去看焰火晚會是三年後橫濱的大黑埠頭。對岸閃爍着藍輝的虹橋，傍着熒光點點高聳入雲的地標塔，襯上世界最大的時鐘形七色觀覽車，清晰地倒映在無風無浪的海面上；綴在夜空的一輪明月靜靜地俯瞰那掛滿紅燈籠的遊船，如何將這眼前的風景劃成細碎的光紋。潮濕的夜風帶着微涼，令人有說不出的愜意。同時也期待着下次能夠坐在掛着紅燈籠的遊船上，吃着美味的日本料理，手搖團扇，憑舷仰看頭上滿開的牡丹星；或是浸身於溫泉，啜口香酒，遙望海中艷麗的火柱。「和你在一起的夏天，似在遙遠的夢中，仿若夜空裏消散的焰火。」「焰火」也常常出現在歌曲裏，詠唱那些燃燒的熱情，和如夏日焰火一樣絢爛綻放的記憶。

在夏季裏，別具風情的是我們常在日劇中看到的線香煙花。中國孩子小時候的焰火記憶，是冬季逢年過節大街小巷的鞭炮齊鳴。當年我們拎着爸爸給做的紅色棱線環繞的燈籠站在院中，等着媽媽來點燃燈籠裏的紅蠟燭。貼在燈籠玻璃罩上的紅色紙蝴蝶是外婆剪的，當燭火一抖一抖的燃亮時，隨着我們搖搖晃晃的腳步，燭光和蝴蝶在坑坑窪窪的雪地上翩然旋舞着、擴展着……女孩子不敢放炮仗，就是去揀些臭炮，掰開來，用香火引燃，東北人叫作「哧花」。這稱呼大約是由那火星噴射時發出的「哧哧」聲音而來的吧？我不能確定。記憶裏，比起「哧花」來，燈籠點燃的瞬間更加炫目耀眼。

日本的線香煙花很像我們小時

候玩的那種「哧花」，只是樣子要好看得多。細長的桿兒上纏繞着花花綠綠的亮紙，點燃引火線，火花從那裏噴射開來，迸出一片火星，淡淡的，給人帶來那麼點兒驚喜和那麼點兒惆悵，有一種靜謐的、不囂張的美。線香煙花的製造匠人傳至最後一輩是位老婦人，日本雖然對傳統工藝保護備至，仍無法改變它的命運。然而線香煙花的人氣年年不落，每逢夏季，日本人必會成幫結群穿上和服，或在海邊或在公園或在院子裏點燃線香煙花。現在的線香煙花則大多是中國製造的。

出生在日本的孩子們第一次體驗焰火大會，是日本著名的明治神宮的「神宮外苑」盛大焰火晚會。我們沒有到會場，而是聚到住在東京六本木高層公寓的日本友人家裏，朋友們男男女女都穿着夏日和服，自帶和、洋、中各式酒菜，主人優子小姐和妹妹還為大家準備了一桌佳餚美酒，燃起燭火，在昏黃的光影中吃喝談笑，酒足飯飽時，也正是公寓大廈對面明治神宮焰火升起之時，大家三三兩兩捧着西瓜走到陽台上坐下來觀看漫天爆灑的繽紛色彩。孩子們興奮地從一個屋子跑到另一個屋子，吃塊西瓜，在媽媽懷裏撒一會兒嬌，抓了個芝士餅，又跑到叔叔阿姨懷裏坐上一會兒，玩得不亦樂乎。

家附近有個以櫻花著名的公園。在公園裏可以遙望橫濱港都未來的地標塔，也可以看到每年夏季的焰火。每年這裏都會有遠眺焰火的聚會。不過到了夏天我們還是選擇開車去海濱公園，坐在海邊和這個城市裏的其他親人們一起觀賞焰火晚會。橫濱是個國際化的都市，因此感覺前來這裏觀看焰火的人們更加開放、也更有洋味，穿着性感晚禮服、濃妝艷抹的美女，給焰火大會帶來另一種夏日情懷。看焰火絕對離不開美食，家家戶戶都會準備幾盒套裝的「焰火行樂便當」，內容包括主食菜餚和小點心，外加啤酒。一面吃，一面觀賞焰火，一面在震得心頭咕咚咕咚的爆響聲中鼓掌叫好。和孩子們一起的暑假，也就這樣絢麗地拉開了帷幕。

12 焰火大會便當

菜譜 MENU

(圖1) 紫菜焰火飯糰 魚子菜鬆飯糰 五色芝麻鹽飯糰 彩色菜鬆飯糰 蛋鬆紫菜飯糰 火腿花

(圖2) 三色椒雞肉卷 素煎大蝦 鹽味西蘭花 醬肉 雙色糖醋拌菜

(圖3) 秋葵蛋卷 番茄醬肉餡炸餃子 鹽水毛豆 車厘茄 葡萄 草莓

(圖4) 什錦水果凍

1　2
3　4

13

吃西瓜的小熊便當

吃上一口又甜又沙的大西瓜，清爽入心。

菜譜 MENU

- 白米飯
- 柴魚片
- 蟹肉可樂餅
- 薯條肉卷
- 魚糕花
- 香腸鵪鶉蛋太陽花
- 甜面豆
- 鹽水西蘭花，紅蘿蔔
- 黃金奇異果，櫻桃

1 2

小熊製作

材料：米飯，柴魚片（也可以用肉鬆代替），海苔

做法：

① 將米飯用保鮮紙包裹，捏成兩個大的球形和四個小的球形飯糰，將面部和耳朵的飯糰黏接在一起。

② 將柴魚片撒在盤子裏，再把①的所有飯糰放進盤子滾動，黏好柴魚片。（圖 1）

③ 用乾意粉將所有飯糰黏接固定後，捏個小小的白色飯糰放在臉中間做嘴巴。

④ 海苔剪出五官。（圖 2）

14

摘花的小兔便當

從萬紫千紅的花園裏，摘一朵花送給你。

菜譜 MENU

● 白米飯 ● 炸肉排 ● 蔬菜肉卷 ● 粟米可樂餅
● 雞蛋花卷 ● 香腸小熊 ● 沙律菜 ● 草莓

小兔製作

材料： 米飯，蟹肉棒，魚肉腸，海苔

做法：

① 將米飯用保鮮紙包裹捏成一個大的球形飯糰、一個三角形飯糰、一個小的球形飯糰，再捏兩個條狀飯糰。將作為面部和耳朵的飯糰黏接在一起。
② 蟹肉棒展開成片，包裹在三角形飯糰上。
③ 魚肉腸用模具刻出小花，再用乾意粉固定在包裹了蟹肉棒的三角形飯糰上。
④ 海苔剪出五官。

香腸小熊製作

材料： 圓形香腸，細香腸，海苔

做法：

① 將細香腸分別切四段，有圓頭的一個用意粉固定在圓形香腸上。
② 兩個小香腸固定在圓形香腸上做耳朵。
③ 海苔剪出五官。

15

母親節便當

媽媽，謝謝您。

菜譜 MENU

● 白米飯 ● 炸雞肉塊 ● 秋葵蛋卷 ● 火腿花
● 西蘭花 ● 草莓

獻花小熊製作

材料： 米飯，魚肉腸，海苔

做法：

① 將米飯用保鮮紙包裹捏成一個大的球形飯糰、一個梯形飯糰、六個小的球形飯糰。將作為面部和耳朵的飯糰黏接在一起，固定在梯形飯糰上。
② 把其他四個小球飯糰，按四肢比例分別固定在梯形飯糰上。
③ 魚肉腸用模具刻出小花、圓形和心形，分別固定飯糰上。
④ 海苔剪出五官。

香腸康乃馨製作

材料： 紅腸

做法：

① 紅腸底部切成錐形。
② 紅腸頂部切三刀後，環繞頂部在側面疊壓切二至三層刀口。
③ 在開水中灼過後，插在果籤上。

16 小象和媽媽便當

我和媽媽一樣有長長的鼻子。

菜譜 MENU

●粉色菜鹽米飯 ●香腸小象 ●炸魚排

●火腿蛋花卷 ●香腸花 ●芝士蝴蝶 ●西蘭花

大象製作

材料： 粉色菜鹽米飯，火腿片，海苔

做法：

① 將粉色菜鹽米飯用保鮮紙包裹捏成一個帶長鼻子的大象形飯糰。

② 火腿片切成半月形，固定在大象頭飯糰上。（圖 1）

③ 海苔剪出五官和鼻子上的褶紋。（圖 2）

香腸小象製作

材料： 香腸，海苔

做法：（圖 3）

① 一根香腸切成兩段，一部分留出前面作為鼻子的部分，後面切斷，作為小象頭部。

② 另一部分切掉兩片，作為象耳朵，剩餘部分為身體底座。

③ 將所有香腸切出的小象部件，用乾意粉固定。

④ 海苔剪出五官。

小象衣服製作

材料： 薄蛋皮（雞蛋，鹽少許），乾意粉

做法：

① 將雞蛋打散，加少許鹽，煎成薄蛋皮，用廚房小剪刀剪成「凹」字形，再以乾意粉固定在軀幹香腸上即可。

1
2
3

17

鯨魚便當

聽聽大海的故事。

菜譜 MENU

● 烤三文魚肉米飯 ● 香腸章魚 ● 炸肉排
● 鹽水大蝦 ● 雙色蛋卷 ● 火腿蘆筍

鯨魚製作

材料： 白米飯，烤三文魚，芝士片，薄蛋餅，海苔

做法：

① 三文魚肉烤熟後撕碎，保鮮紙上放米飯，加入三文魚肉，包裹起來捏成兩個圓形飯糰。
② 芝士片用牙籤劃出兩個小圓形做鯨魚的眼白，再劃出鯨魚尾巴形。
③ 海苔剪成半圓，包裹在其中一個飯糰上。海苔剪絲，黏貼在空白處。
④ 海苔再剪兩個圓形，以及鯨魚尾巴形，分別黏貼在眼睛和尾巴部分。

香腸章魚製作

材料： 香腸，海苔，芝士片

做法：

① 一條香腸斜切成兩段，長的部分切四至五刀，略灼，使之略翻捲。
② 海苔剪出眼睛的圓形，黏貼在芝士片上。

18

小狗便當

在太陽下撒歡。

菜譜 MENU

●白米飯 ●肉排小熊 ●蝦仁炒蒜苗 ●火腿蛋卷花
●香腸花 ●西蘭花

小狗製作

材料： 白米飯，甜煮黑豆，海苔

做法：

① 將白米飯包裹起來捏成一大兩小的圓形飯糰。
② 海苔剪出五官黏貼在飯糰中心偏下部分，做成小狗的五官。
③ 甜煮黑豆用乾意粉固定，做成耳朵。

肉排小熊製作

材料： 肉排，香腸，魚肉腸，海苔，芝士片

做法：

① 煎圓形肉排備用。
② 芝士片用牙籤刻一個大的橢圓形和兩個小的圓形。
③ 海苔剪出眼睛的圓形，黏貼在芝士片上。
④ 香腸切下兩頭用乾意粉固定在上方做成耳朵。
⑤ 魚肉腸用模具刻出粉色小花，用乾意粉固定。

秋季便當

兒子的學校有一個很大的農場，種植了各種蔬菜。春天裏，孩子們在老師的指導下播種，進行澆水和除草活動；暑假裏，孩子們和家長一起分擔給蔬菜澆水的任務。參加暑假澆水的孩子們還會得到採摘夏季菜蔬的獎勵，每次他們歡天喜地地從口袋裏掏出小番茄、青椒捧在小手裏遞給我時，都會很得意地囑咐：「媽媽，今晚吃這個，這是我種的！」

孩子學校的農場在市裏很有名，每年到了秋末，就會舉辦「秋季大收穫節」。收穫節前期，由校內各年級各班的學生們自己討論決定當年的大鍋燉菜的主題，並自己繪製海報，寫下標語和菜譜。大鍋燉菜是日本非常營養可口的家常菜的一種延伸，小學一年級至六年級各班總和，將設計近20種大鍋燉菜的主題，然後再由學校專業的營養師和負責學校飲食服務的專門人員，根據孩子們設計的燉菜主題，用肉類、海鮮、豆類及各種農場裏收穫的蔬菜，配成鹽味、醬味、西式燜菜味、煨菜味、咖喱味等多種大鍋燉菜。三年級的時候，我家小弟弟越設計的主題鍋被大家一致贊成而採用了。

我從孩子們一年級至五年級，每年都報名參加大鍋菜的烹調工作。收穫節當天清早，我和另外兩位同班的媽媽們一起，來到學校的大廚房。每個年級、每個班，都有三位媽媽擔任主廚。學校的負責營養師，是著名的旅行美食家，她品嘗過各地料理，更做得一手好吃又營養的美食，孩子學校的午餐，在市立學校裏也負有盛名。媽媽們在營養師的指導下洗菜、切菜、灼菜、下鍋配料，而給鍋子下肉和海鮮、蛋類，則由學校的飲食服務人員負責，最後由營養師親自進行調味。這樣20種不同味道和內容的美味大鍋燉菜就正式誕生了。

烹調中的衛生管理相當嚴格，大家都戴着頭巾和口罩，手也要經過消毒。

在媽媽們忙碌時，孩子們也沒有閒着，他們在校園廣場為各位家長和親朋鄰裏們表演着，與老師一起編排並自製服裝道具的節目，有舞蹈、有話劇、有唱歌也有猜謎，當然主題都離不開農場和農場的蔬菜，表演的同時也向幫學校服務農場的各位家長志

願者致辭感謝。節目結束後，孩子們回到體育館，和夥伴們分組坐好，拿出事前預備的碗筷及自備的飯糰，與來參加活動的家人們一起等待派飯。

負責烹飪的媽媽們同時負責派飯，為大家一個個裝滿湯碗，孩子們興高采烈地排隊等待捧回熱乎乎的燉菜。派好所有人的飯菜後，大家一起合掌感謝為大家獻上美味的媽媽和老師們，感謝大自然給予的豐厚收穫，然後一邊聊天説笑、一邊開心地吃起來。

收穫節讓孩子們在收穫了美味和營養的同時，也收穫了自己用汗水和勞動換來的成果，同時收穫了來自老師和父母的愛。

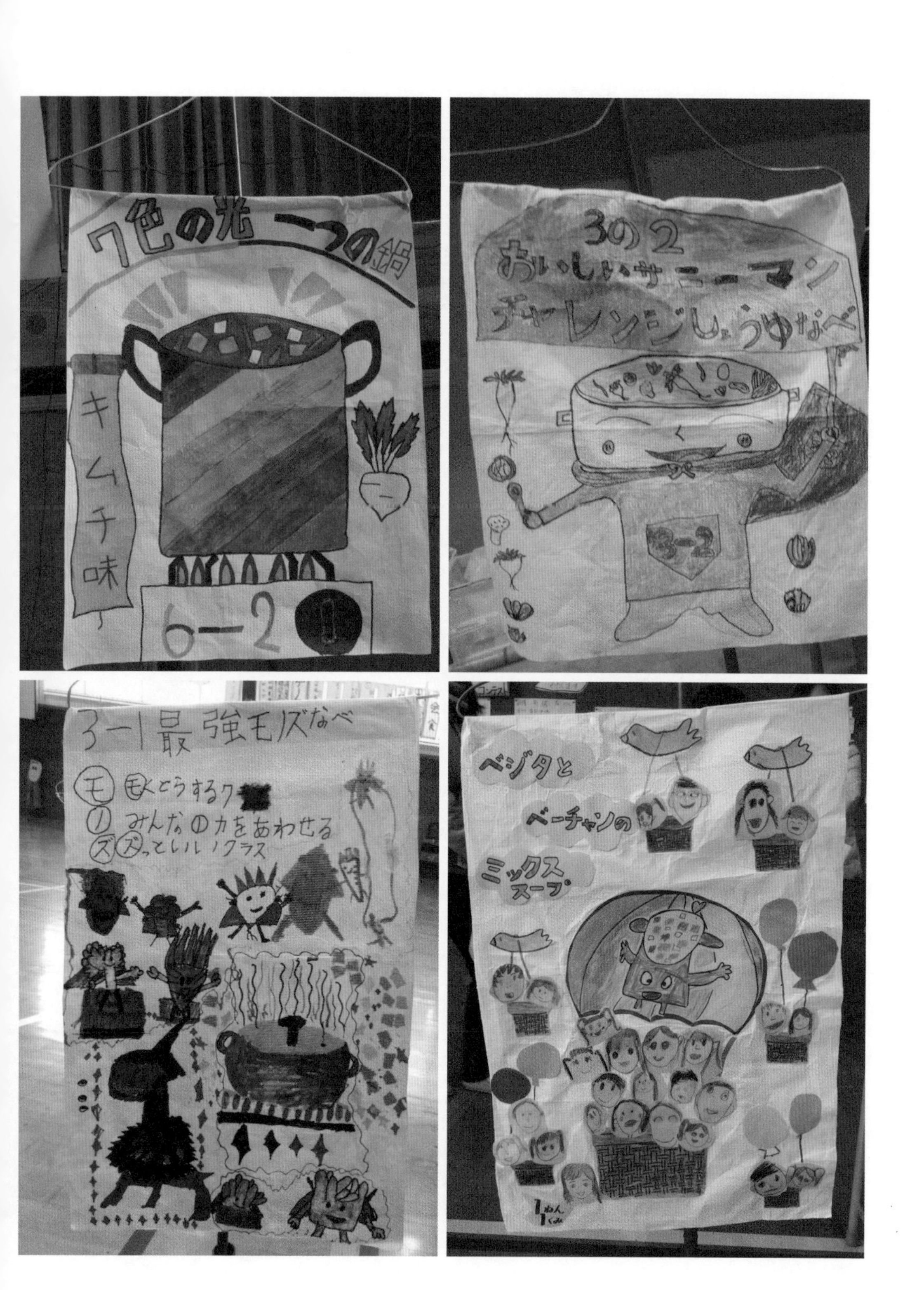

7色の光 一つの鍋
キムチ味
6−2
3の2
おいしいサニーマン
チャレンジしょうゆなべ
3−2
3−1最強モノズなべ
モ もくとうするク
ノ みんなの力をあわせる
ズ ずっといっしょクラス
ベジタと
ベーチャンの
ミックス
スープ

19 小兔賞月便當

賞月吃月餅，祈福團圓。

1 2

菜譜 MENU

●粉色菜鹽米飯 ●雙色菜肉卷 ●炸雞塊 ●火腿蛋卷
●紅蘿蔔月餅 ●車厘茄

小兔製作

材料：粉色菜鹽米飯，魚肉腸，海苔

做法：

① 白米飯拌粉色菜鹽，用保鮮紙包裹捏成一個圓形，兩個長條形和兩個小球形的飯糰，連接飯糰。（圖 1）
② 魚肉腸用模具刻出蝴蝶結形，以乾意粉固定在飯糰上。
③ 海苔剪出五官。（圖 2）

紅蘿蔔月餅製作

材料：鹽水紅蘿蔔

做法：

① 紅蘿蔔切較厚的片，以「菊花」形模具刻外形後，再用刀雕出花瓣。
② 水燒沸後加鹽，放入紅蘿蔔灼熟。
③ 紅蘿蔔中心部分用小花形模具刻花後，向後推分出層次。

20

小丑便當

小丑帶來歡樂的表演氣氛。

菜譜 MENU

- 白米飯
- 蟹肉棒帽子
- 菜肉卷
- 鵪鶉蛋花
- 魚糕玫瑰
- 香腸花
- 魚肉腸星星
- 車厘茄花

小丑製作

材料： 白米飯，蟹肉棒，芝士片，紅腸，海苔

做法：

① 白米飯用保鮮紙包裹做成水滴形飯糰，尖端部分稍彎曲。
② 蟹肉棒撕開成片，包裹飯糰上做成尖帽。
③ 芝士片用牙籤劃出「山」形，做成小丑的頭髮。
④ 切出紅腸頭做成鼻子。
⑤ 海苔剪出五官。

21 KITTY 化妝舞會便當

換上盛裝去參加萬聖節遊行。

菜譜 MENU

●番茄醬炒飯 ●白米飯 ●龍田炸魚塊 ●青菜炒魷魚
●雙色香腸蘑菇 ●紅蘿蔔楓葉 ●西蘭花

KITTY 製作

材料：番茄醬炒飯，白米飯，薄蛋餅，芝士片，蟹肉棒，海苔

做法：

① 番茄醬炒飯用保鮮紙包裹，捏成圓形後，在上方兩頭捏出尖角，呈貓頭形狀。
② 白米飯分別捏成三角形和大小各兩個球形。
③ 將②的三角形飯糰包上海苔，並貼上蛋餅做裙子。
④ 將①和③連接在一起，上面放上②的小飯糰。
⑤ 芝士片切橢圓形和蝴蝶結形，橢圓形做成 KITTY 的面部；蝴蝶結形上黏貼蟹肉棒做的紅色蝴蝶結形。
⑥ 海苔分別剪出眼睛、貓鬚、南瓜怪的眼睛和嘴，以及裙子上的蝴蝶結。
⑦ 最後用車打芝士片（或蛋餅）切小圓形，做成 KITTY 的鼻子。

22 鬆弛熊萬聖節便當

一起去取糖果吧！

菜譜 MENU

●番茄醬炒飯 ●魚露拌飯 ●秋葵肉卷 ●紫菜蛋卷 ●火腿花
●香腸糖果 ●鵪鶉蛋妖怪 ●西蘭花

1 2 3
4 5 6

鬆弛熊製作

材料：魚露拌飯，芝士片，海苔

做法：

① 魚露拌飯用保鮮紙包裹，捏成一大兩小的球形飯糰，再捏兩個小的橢圓形飯糰。（圖 1）

② 用黃色芝士片切出兩個半圓，做成耳朵；白芝士片切圓形，做成嘴巴。（圖 2）

③ 用海苔剪出五官（圖 3），並剪出帽子形。

④ 把帽子形的海苔貼在芝士片上，然後順着海苔形狀，用牙籤切割芝士片。

南瓜怪製作

材料：番茄醬炒飯，西蘭花莖，海苔

做法：

① 將番茄醬炒飯用保鮮紙包住後捏成橢圓形飯糰，並用力紮緊收口處，形成條紋。（圖 4、圖 5）

② 用海苔剪出兩大一小的三角形和「W」形，黏貼在①的飯糰上。（圖 6）

③ 開水灼熟西蘭花莖，插在飯糰頂部。

23

南瓜米奇便當

米老鼠也變身南瓜怪了！

菜譜 MENU

● 三文魚鬆拌飯 ● 菠菜粉拌飯 ● 芸豆紅蘿蔔肉卷
● 火腿蛋卷 ● 火腿花 ● 香腸糖果 ● 鵪鶉蛋妖怪
● 西蘭花

南瓜米奇製作

材料： 三文魚鬆拌飯，菠菜粉拌飯，海苔

做法：

① 三文魚鬆拌飯用保鮮紙包裹，捏成一大兩小的球形飯糰。
② 菠菜粉拌飯用保鮮紙包裹，捏成略帶尖端的球形飯糰。
③ 用海苔剪出五官，兩個螺旋形線狀，及四至五條細線。

24 怪物獵人貓小姐秋季遠足便當

帶上最棒的遊戲便當去遠足。

菜譜 MENU

●貓小姐飯糰 ●怪物獵人徽章飯糰 ●鵪鶉蛋肉排
●三椒肉卷 ●三丁炒蝦仁 ●核桃魚 ●火腿蛋卷
●西蘭花 ●櫻桃

貓小姐製作

材料： 三文魚鬆米飯，蛋皮，魚糕，海苔

做法：

① 三文魚鬆米飯用保鮮紙包裹，捏成一大兩小球形飯糰，連接飯糰。
② 蛋皮剪頭髮形狀黏貼在飯糰上。
③ 魚糕切三角形做耳朵。
④ 用海苔剪出五官。

冬季便當

每年寒假，我家都有一次全家旅行。因為住在海港都市，假期我們經常會選擇到山裏的鄉下，比如到白川鄉的合掌村或志賀高原滑雪。

小時候家裏三代同堂，每逢寒暑假期，都會跟着外婆去鄉下親戚家裏住幾天，夏天可以感受清新的空氣、芬芳的草地、晶瑩的露珠、炫日的花朵，品嘗新鮮的蔬果、清冽的泉水。冬天更是歡樂有趣，尤其在鄉下過年，殺豬宰羊，獵錦雞套麅子，擺幾大桌子美餐一頓之後，一大家子親朋近鄰，圍坐一處搓牌聊天，我就偎在外婆身後，炕暖暖的，歡聲笑語漸漸變得模糊朦朧，隱約感到大人拿被子蓋在我身上，那種沁人心脾的安心和幸福感，讓我對山村生活總是帶着憧憬和嚮往。有了孩子後，就非常想和他們一起感受這種生活。

車輪輾着冬天旅途上積着的厚厚的雪，合掌村民家屋簷上掛滿冰柱，村前的巨石也戴上了雪帽子。我們曾投宿在建於莊川河畔，有着280年歷史的人氣民宿。旅行除了享受非日常之外，最吸引人的莫過於旅途上遇到的當地鄉土料理。合掌村的晚餐質樸而美味，女主人在圍爐裏為大家烤着鮮嫩的河魚，很多旅人都會為了吃這套充滿鄉戀的味道而故地重遊。

民宿長長的房間裏沒有電視，暖桌熱茶，不再熬夜，早早摟着孩子鑽進熱被窩，給他們講着故事，聽着他們平穩的鼾聲，自己也漸漸進入甜美的夢鄉。

雖然東京冬季下雪的日子不多，但是兩個孩子卻非常愛雪，不用說滑雪，就是在雪地上他們都能找出各種花樣玩上幾個小時。除了打雪仗，最愛的就是堆雪人，兩個人把各自滾出的雪球組合在一起做成小雪人，我摘了些樹葉和冬果幫着他們給雪人裝飾上，兩個小傢伙愛不釋手，搶着抱着雪人拍照。無法帶走小雪人讓他們非常難過，只能將它安置在街道的水車裝置旁，孩子們還向當地老爺爺問候，拜託他照顧小雪人，並在小雪人身邊堆

白川郷

了許多小小雪人，希望他們互相做伴不會寂寞。

與小雪人告別的時候，孩子們哭了，擔心雪人被太陽融化，擔心小雪人如何度過夏天。

對着傷心離別的孩子們，我對他們說：「把小雪人畫下來就能一直留住它在自己身邊。」看着破涕為笑、拼命畫着小雪人的孩子們，我開始和他們一起編起了小雪人的故事：超和越做的小雪人在水車邊遇到來旅行的各種各樣的朋友，天氣暖和時融化了的小雪人在天空漫遊，等到下一個冬天他們又變成雪花再次回到超和越的身邊……和孩子一起的冬天充滿了童真的浪漫。

25

小熊和小雪人便當

下雪了，一起來堆小雪人吧！

菜譜 *MENU*

- 白米飯
- 秋葵肉卷
- 炸雞塊
- 火腿肉卷
- 香腸小熊
- 西蘭花沙律菜

小雪人製作

材料：白米飯，蟹肉棒，紅腸，海苔

做法：

① 白米飯用保鮮紙包裹，捏成一大一小兩個球形飯糰。（圖 1）

② 蟹肉棒鋪展成片狀，圍在兩個飯糰之間，做成圍巾。

③ 用紅腸切頭，以水果籤固定做帽子。

④ 用海苔剪出眼睛、嘴及雪花。（圖 2）

香腸小熊製作

材料：球形肉腸，條形香腸，火腿片

做法：

① 將條形香腸切成兩小段，作為小熊的耳朵。

② 圓形肉腸一橫一豎做成小熊的頭和身體。（圖 3）

③ 火腿片圍在身體部分。

④ 用海苔剪出五官。

1
2
3

MERRY CHRISTMAS

26 小熊娃娃便當

喜歡小熊聖誕禮物嗎？

菜譜 MENU

● 粉色壽司甜醋飯 ● 菜花炒大蝦 ● 炸魚 ● 秋葵蛋卷
● 紅腸聖誕老人 ● 魚糕禮物盒

小熊娃娃製作

材料： 粉色壽司甜醋飯，蟹肉棒，芝士，海苔

做法：

① 粉色壽司甜醋飯用保鮮紙包裹，捏成兩大四小的球形飯糰，及兩個條狀飯糰。
② 連接飯糰形成小熊娃娃的整體結構。
③ 芝士片分別用模具刻出花、橢圓及心形，做成嘴巴、耳朵和腳掌。
④ 用海苔剪出五官，用模具刻出雪花形狀。

紅腸聖誕老人製作

材料： 紅腸，芝士，海苔

做法：

① 將一個紅腸切成兩段，上部分做帽子，下部分再切厚片，將圓片立起做臉部，其餘做成身體部分。
② 芝士片用牙籤劃出鬍子，黏貼在臉部。
③ 海苔剪出五官，黏貼後，全體用牙籤連接固定。

27

小黑貓聖誕便當

娃娃今天變身聖誕老人。

菜譜 MENU

● 三文魚鬆飯 ● 海苔包飯 ● 竹筍雞肉卷
● 菠菜紅蘿蔔肉餡蛋卷 ● 香腸麋鹿 ● 火腿獅子狗畫卷
● 蟹肉棒 ● 西蘭花

聖誕娃娃製作

材料： 三文魚鬆飯，白米飯，蟹肉棒，海苔

做法：

① 三文魚鬆飯用保鮮紙包裹，揑成球形飯糰，白米飯糰成圓錐形飯糰，將兩個飯糰連接。
② 白米飯糰部分，用蟹肉棒片包裹做成聖誕娃娃的帽子。
③ 在帽子頂部黏接白飯球。
④ 用海苔剪出五官。

小黑貓製作

材料： 白米飯，車打芝士片，芝士片，海苔

做法：

① 米飯用保鮮紙包裹，揑成球形飯糰後，包裹海苔，再用保鮮紙包起固定形狀。
② 車打芝士片切兩個圓形做眼睛；芝士片切小圓形做成鼻子，黏貼在臉部。
③ 海苔剪出眼睛，黏貼在車打芝士片上。

28

打雪仗便當

和小雪人一起打雪仗，猜猜誰會贏？

菜譜 MENU

●柴魚片飯 ●炸肉排 ●秋葵海苔蛋卷 ●香腸
●西蘭花 ●草莓

小熊製作

材料： 柴魚片飯，白米飯，魚肉腸，魚肉山藥糕，芝士片，海苔

做法：

① 白米飯保鮮紙包裹，捏成一大四小的球形飯糰。
② 將飯糰在裝着柴魚片的盤子裏滾動；另外再做一個小的米飯糰。
③ 魚肉腸切頂部與切成厚圓片的魚肉山藥糕連接起來，用果籤固定做成帽子。
④ 芝士片切橢圓形和兩個半圓形。
⑤ 用海苔剪出五官。

29

雪娃娃便當

戴上暖暖的手套一起去滑冰。

菜譜 MENU

●三文魚鬆飯 ●白米飯 ●煎魚 ●涼拌芸豆秋葵
●蛋皮 ●西芹 ●草莓

雪娃娃製作

材料：三文魚鬆飯，白米飯，蛋皮，魚肉腸，海苔

做法：

① 三文魚鬆飯用保鮮紙包裹，捏成球形飯糰。
② 蛋皮黏在①的飯糰上，周圍用白米飯圍成一圈。
③ 魚肉腸切花形，用乾意粉固定住。
④ 用海苔剪出五官。

小手套製作

材料：魚肉腸，白色魚肉香腸

做法：

① 魚肉腸切拱形後，在四分之一處切開岔口。
② 魚肉山藥糕切長橢圓形，固定在魚肉腸下面。

30 小兔便當

揮揮星星棒，下雪了！

菜譜 MENU

- 白米飯
- 肉排
- 烤三文魚
- 地三鮮
- 厚煎蛋
- 火腿花
- 醃蘿蔔花

小兔製作

材料：白米飯，厚煎蛋，火腿片，海苔

做法：

① 白米飯用保鮮紙包裹，捏成一大兩小的球形飯糰，和兩個長橢圓形飯糰。

② 厚煎蛋切成梯形，放在飯糰下方，固定耳朵和手的飯糰。

③ 用火腿片剪成耳朵和臉蛋的花形。

④ 用海苔剪出五官及雪花。

31 聖誕老人便當

聖誕節快樂！

菜譜 MENU

●番茄醬炒飯 ●炸魷魚 ●炒三丁 ●香腸麋鹿

●鵪鶉蛋小雪人 ●紅腸聖誕襪 ●秋葵

聖誕老人製作

材料：番茄醬炒飯，白米飯，紅腸，海苔

做法：

① 淺色的番茄醬炒飯用保鮮紙包裹，捏成一個球形飯糰；濃色的番茄醬炒飯，製作三角形飯糰和一個圓錐形飯糰，連接三個飯糰。（圖 1）

② 在①的三個飯糰之間，用白米飯圍起，做成帽子和鬍子。

③ 用紅腸切圓形，做成聖誕老人的鼻子。

④ 用海苔剪出眼睛及雪花。

小雪人製作

材料：鵪鶉蛋，蟹肉棒，紅腸，海苔

做法：

① 兩個鵪鶉蛋各切掉尖頭。

② 紅腸切尖頭，用果籤將紅腸和①的兩個鵪鶉蛋串起來。（圖 2）

③ 在兩個鵪鶉蛋連接處，用蟹肉棒片圍起來做成圍巾。

④ 用海苔剪出五官及鈕扣。

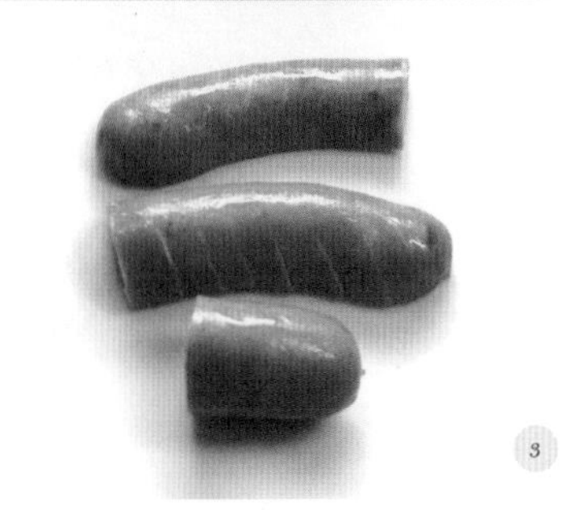

香腸麋鹿製作

材料：香腸 1 條

做法：

① 香腸切成 1/4 和 3/4 兩段。

② 3/4 段從中間豎切分為兩片，每片在一側切數刀。（圖 3）

③ 將①②用開水灼後，以乾意粉連接固定。

④ 黏貼海苔剪成的鼻子和眼睛。

1
2
3

32 招財貓便當

新的一年來臨，送上新的祝福！

菜譜 MENU

● 白米飯 ● 竜田油炸金槍魚* ● 糖醋肉丸蘑菇
● 素炒菜花 ● 油豆腐炒菠菜 ● 芸豆蛋卷 ● 西蘭花

招財貓製作

材料： 白米飯，蟹肉棒，車打芝士片，海苔

做法：

① 白米飯用保鮮紙包裹，捏成一個球形飯糰後，在頂部用手指捏出兩個尖角做成貓耳朵；另外製作一個梯形飯糰、三個小的球形飯糰。
② 擺好飯糰位置，用蟹肉棒剪成兩個三角形、一個圓形和數個細絲，分別做耳朵、鼻子、嘴巴、鬍鬚和帶鈴鐺的脖套。
③ 車打芝士片切小圓和橢圓形，分別作為鈴鐺與金幣。
④ 用海苔剪出眼睛及金幣的紋樣。

*「竜田油炸金槍魚」是指將金槍魚用醬油、料酒調味後，裹上澱粉油炸的料理。經醬油調味後的魚肉呈紅色，與澱粉的白色相間，彷佛日本奈良紅葉名勝竜田川的白色波浪上漂浮的紅葉，故此得名。這道料理做法簡單不油膩，非常適合便當菜（尤其適用於雞肉和魚肉）。

第四章

藏在故事裏的花式便當

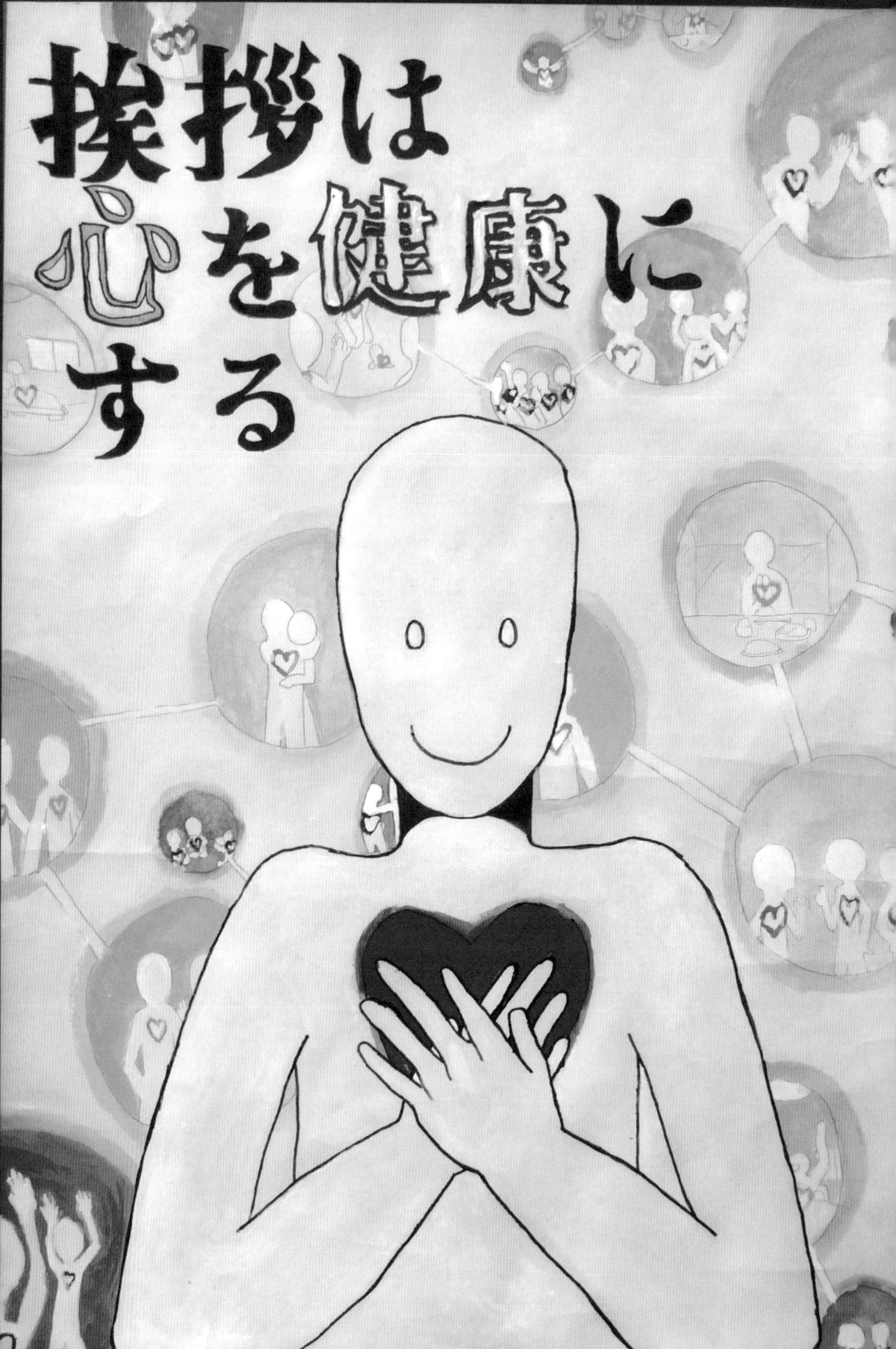

挨拶は
心を健康に
する

從超和越一歲左右起，每天吃過早飯，我會推着雙人嬰兒車帶他們出去散步，一邊走一邊給他們講故事。或是繪本裏的故事，或是路上看到的花花草草、飛鳥爬蟲的故事，亦或者是指給他們路牌上寫的字，一面唸給他們，一面講解每個字的含義。不管他們是否聽得懂，那時也沒有明確的「早教」意識，只是心心念念地想把自己這幾十年的人生裏知道有趣的、美好的事情全部說給他們聽。我會看着他們的眼睛告訴他們：「媽媽的眼睛裏都是你們！」孩子也時常捧着我的臉，在我的眼睛裏尋找自己的身影，然後非常開心地摟住我。

為孩子選擇繪本，我會挑選讀起來很有節奏感的文字內容，和有着非常秀逸的色彩畫面及構圖的繪本，希望他們從小就接觸最好的圖畫和有韻味的文字，並把它融匯到自己的感官。白天的時間我都和他們一起奔跑、一起打滾、一起看書、一起追電視裏的兒童節目；到了晚上，我就摟着他們坐在懷裏，先唸一會兒繪本，關了燈左右一邊一個，一面交錯着手輕輕拍着他們，一面輕聲地背誦着月亮的故事。每次在我說「晚安，晚安，月亮」時，都能聽到他們甜甜入睡的鼾聲，等到他們睡沉後，我再爬起來工作。

日復一日、年復一年，他們走出了嬰兒車，拉上我的手，嫩嫩的小手越來越頎長，溫暖如舊。從給我唸公園裏的廣告牌、自己看地圖引路，到幫我看説明書修理電腦和手機，給我買音樂會票約我一起去聽交響樂……我們一直不停地在向對方説着自己每天遇到的故事，一起爆笑一起搖頭嘆氣，一起互相為對方出謀策劃和打氣加油。

講給彼此的故事，也同時出現在他們每次帶的便當裏。他們喜歡的繪本、他們喜愛的動漫、每個時期的興趣，都記錄在他們的便當裏。從幼兒園到小學，孩子們常會與老師和同學分享便當的話題，尤其到了小學高年級，每次便當的花式內容，都是根據同學的期待來要求的。孩子不僅與我探討便當的主題和菜式，還跟我一起動手做便當做甜品，我也鼓勵他們自由發揮自己的想法，與他們一起研究如何利用食材本身天然的色彩來造型；因此超和越都對繪畫和製作有着濃厚的興趣，可以不用大人任何幫助

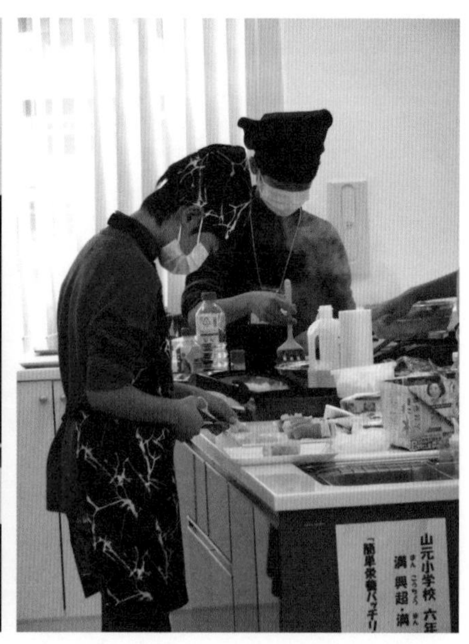

地製作精緻的黏土作品、布偶，甚至可以打木製書架和用瓦通紙做能扭出蛋子的「扭蛋機」。他們不僅小學六年級時在市裏中小學便當大賽上從1,050個作品中脫穎而出，實地操作，雙雙獲得橫濱市PTA大獎；還在中學一年級時，於橫濱市內87所中小學校450餘幅作品參加的《安全與健康廣告畫展》中獲得一等獎，成為市長獎的表彰對象。

進入青春期的孩子們每天依然會和我在一起像朋友一般討論各種問題， 並每天一起讀幾段《論語》，一邊給對方空間保持相宜的距離，一邊不忘給予彼此最大的關懷和體恤。

講給彼此的故事將會在我們未來的生活中繼續。

繪本與繪畫便當

33

《小熊學校》繪本便當

在山上學校中生活的 12 隻小熊，平凡溫暖可愛的生活故事。畫面色彩輕快絢麗，充滿個性，讀起來讓人愛上日常生活中的每一個場景。

菜譜 MENU

●魚露米飯 ●蘑菇炒大蝦 ●糖醋雞塊 ●雙色肉卷 ●火腿蛋卷 ●素灼菜花 ●鹽水豌豆 ●草莓

小熊傑克製作

材料：魚露米飯，蟹肉棒，車打芝士片，魚肉腸，海苔

做法：

① 將魚露米飯用保鮮紙包裹，捏成一大兩小的球形飯糰、一個三角形飯糰、兩個條狀飯糰。
② 將蟹肉棒鋪平成片狀，包住三角形飯糰。
③ 用芝士片和魚肉腸分別刻出花形和圓形。
④ 用海苔剪出五官。

34 《小兔之家》繪本便當

春天來了，小兔開始了找家的旅行。途中遇到各種動物，哪一個家最適合自己呢？書中每個動物都感受着春天到來的喜悅，最後小棕兔遇到小白兔，一起回到了屬於自己的家。書中的語言充滿韻律和詩意，插畫中的植物昆蟲和動物細膩寫實，帶着自然科學要素，是幼兒期理想的親子讀物。

菜譜 *MENU*

●魚露米飯 ●白米飯 ●肉排 ●燒賣

●菠菜蟹肉蛋卷 ●鹽水紅蘿蔔

●核桃小魚 ●魚肉腸 ●橘子

吃紅蘿蔔的小白兔和小棕兔製作

材料：魚露米飯，白米飯，魚肉腸，海苔，鹽水紅蘿蔔，西芹葉

做法：

① 分別將同等量的魚露米飯和白米飯用保鮮紙包裹，揑成一大四小的球形飯糰和一個橢圓形飯糰。

② 以小兔趴伏在地吃紅蘿蔔的形象，分別在飯盒中擺好前爪、頭、身子和後爪的飯糰。

③ 用魚肉腸分別刻出耳朵和尾巴形狀。

④ 用海苔剪出五官。

⑤ 將鹽水紅蘿蔔切成迷你紅蘿蔔狀，在頂部插上西芹葉。

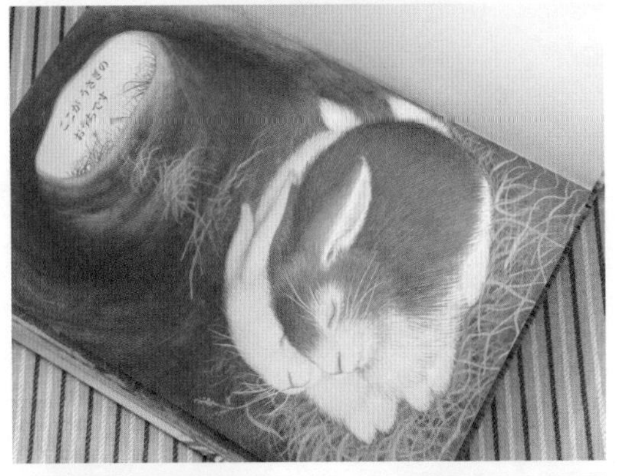

35 親子互動運動會便當

一年一度的學校運動會，都是在五月底的晴天裏舉行。小學六個年頭裏，孩子們一直被選為班裏的接力賽選手，不過六年級小學最後的運動會上，他們獲得了比當接力選手更大的榮耀。

小哥倆的感情特別好，一直都是彼此謙讓，也一直為對方取得好成績而驕傲自豪。當然每次運動會，因為永遠不在同一組，必須對決論輸贏，到三年級為止，運動會上雖然各個項目都很拼，但是得勝的一方都是不大開心看到另一方輸給自己，同樣的感覺在互換着每隔一年被選為年級代表參加橫濱市書法展時也會出現；但是在小學最後的運動會上奇蹟出現了！

每年學校的運動會，都是完全放手讓孩子們做主人公積極參與整體運動會的運營。而當年的運動會吉祥物，也是由全校學生來甄選在校生們的設計作品來決定的，這一年小哥倆的設計分別在紅組和白組得到最高票數當選。老師告訴我，兄弟同時當選是史上首次，可以載入校史。而我後來看了他們寫的設計説明文，也感到很服氣。

白組勝つぞ!
白組勝つぞ!
FINISH
白組勝つぞ!!
1

2

3

4

（圖1）哥哥設計的白組吉祥物。電光石火全身帶着必勝的意志和信念。

（圖2）弟弟設計的紅組吉祥物。表達了運動會項目是火與光的融合，熱情與速度的競演。

到了小學高年級，孩子們經常要求我做的便當花式，多半是班級裏同學們之間流行的動漫或遊戲的角色。這次運動會上，我做了他們最喜歡的《怪物獵人》來做運動會便當的主題，為了表達自己的開心，同時也給孩子們一個驚喜，我悄悄用電腦描畫了他們設計的吉祥物，製成小旗裝飾在便當上。（圖3）

沒想到不僅班裏同學，連班主任老師也是《怪物獵人》迷。午餐時間，其他同學各家都打開三重盒的豪華便當吃起來，而兒子們因為和老師約定看便當，抱着飯盒就跑了。

（圖4）當我們開始吃飯時，很快吃完飯聽到消息的同班同學就一起跑來我們這裏圍觀便當，看到小旗就一起喊：「神啊！」弄得周圍的人也都站起來看，搞得我哭笑不得，不好意思抬頭。

1	3
2	4

5	6 7 8

（圖6至圖8）從前一天晚上開始備料、燉肉，凌晨開始烘焙炒菜裝盒的全家便當。

6

7

8

菜譜 MENU

主食： 五色飯糰

主菜： 紅燒鵪鶉蛋燉肉，乾燒三丁蝦仁，薑味炸雞，五彩肉卷，炸大蝦

副菜： 核桃蝦米，小甜魚，沙律，鹽水西蘭花，車厘茄

點心： 曼哈頓肉卷，蘋果批兩種，彩色水果凍

運動會比賽中弟弟拿到100米短跑的第一名，為紅組爭了光；而哥哥的白組也最後獲得年級優勝，皆大歡喜。小學最後一次運動會，給孩子們日後的學校生活增添了更多的自信和勇氣。

可愛卡通便當

M

Noël

36 Hello Kitty 禮物便當

菜譜 MENU

- 粉色壽司飯
- 白米飯
- 炸蝦仁
- 燒賣
- 蟹肉香腸花
- 西蘭花聖誕樹
- 車厘茄

Kitty 製作

材料：粉色壽司飯，白米飯，芝士片，蟹肉棒，鹽水紅蘿蔔，海苔

做法：

① 將粉色壽司飯用保鮮紙包裹，捏成一大兩小的球形飯糰和一個橢圓形飯糰。

② 大的球形飯糰做成頭部，在頂部兩端捏兩個尖角做成貓頭形狀。

③ 在飯盒裏擺好飯糰。芝士片按頭部大小切成橢圓形，擺放在頭部飯糰上。

④ 用白米飯圍繞芝士的橢圓堆砌，形成帽子的毛絨。

⑤ 芝士片刻有兩個花形放在腳掌部位，上面黏放紅蘿蔔做的小花。

⑥ 用海苔剪眼睛和鬚子；用黃色的車打芝士做鼻子。

⑦ 蟹肉棒刻出蝴蝶結形，下面黏貼上芝士片。

37 巧虎便當

菜譜 MENU

● 蛋黃拌飯 ● 雙色格子雞肉卷 ● 素菜花 ● 香腸花 ● 草莓

巧虎製作

材料：蛋黃拌飯，蟹肉棒，芝士片，海苔

做法：

① 煮雞蛋剝出蛋黃，搗碎加少許鹽與米飯攪拌均勻，用保鮮紙包出一大兩小的球形飯糰。（圖 1、圖 2）

② 芝士片刻出嘴和耳朵造型，再刻帽子造型。

③ 先畫圖樣，再用海苔剪出巧虎的五官、鬍鬚和紋樣。（圖 3、圖 4）

④ 蟹肉棒做成帽子形狀，黏貼在芝士片上。

1 3
2 4

38 米老鼠便當

菜譜 MENU

● 黑米飯 ● 火腿 ● 鵪鶉蛋小老鼠 ● 鹽水大蝦
● 火腿片 ● 魚糕 ● 橄欖 ● 車厘茄蓮花

米奇和米妮製作

材料： 黑米飯，火腿片，魚糕，芝士片，海苔

做法：

① 加半量白米蒸成黑米飯，用米老鼠模具壓出外形。
② 火腿片刻出臉部造型。
③ 芝士片和魚糕分別剪出眼白和米妮的蝴蝶結。
④ 用海苔剪出五官。

39 神奇寶貝比卡超便當

菜譜 MENU

●蛋黃拌飯 ●炸扇貝 ●八寶菜 ●烤三文魚
●馬鈴薯火腿沙律 ●香腸花

神奇寶貝比卡超製作

材料：蛋黃拌飯，蟹肉棒，海苔

做法：

① 煮雞蛋的蛋黃搗碎加少許鹽與白米飯攪拌均勻，用保鮮紙包裹製作一大兩小的球形飯糰和兩大兩小的水滴狀條形飯糰。
② 按比卡超的造型擺好飯糰，耳朵尖端部分用海苔包裹。
③ 黏貼蟹肉棒剪出的臉頰。
④ 用海苔剪出比卡超的五官。

40 肉桂狗便當

菜譜 MENU

- 白米飯 ● 抱子甘藍燉南瓜 ● 芝士香腸蛋卷
- 糖醋丸子 ● 素煎獅子狗卷 ● 香腸紅心

肉桂狗製作

材料： 白米飯，蟹肉棒，魚肉腸，海苔

做法：

① 白米飯用保鮮紙包裹，製作一大兩小球形飯糰、兩個一頭尖另一頭圓的條形飯糰。（圖1）

② 連接飯糰，黏貼蟹肉棒剪的嘴和魚肉腸刻成的花形臉頰。（圖2、圖3）

③ 用海苔剪出肉桂狗的眼睛。

1
2
3

41 麵包超人便當

菜譜 MENU

●三文魚鬆拌飯 ●海苔包飯 ●蔬菜煸炒大蝦
●蟹肉棒紫菜蛋卷 ●火腿花 ●鹽水西蘭花

麵包超人製作

材料：三文魚鬆拌飯，紅腸，海苔

做法：

① 三文魚鬆與米飯拌勻後，用保鮮紙包裹成球形飯糰。
② 紅腸切頭及兩塊薄片，紅腸頭部分做成麵包超人鼻子；兩個薄片做成臉頰。
③ 用海苔剪出麵包超人的五官。

細菌人製作

材料：海苔包飯，火腿片，芝士片，鹽味乾海帶，海苔

做法：

① 白米飯用保鮮紙包裹製成球形飯糰。
② 海苔剪下半部為拱形的長方形，包在①的飯糰上，再用保鮮紙包起定型。
③ 用芝士片做成眼白和鼻頭的高光。
④ 火腿片切長條和圓形，分別做成細菌人的嘴巴和鼻子。
⑤ 用海苔剪成細條，擺成細菌人的牙齒和眼睛。
⑥ 用鹽味乾海帶剪成細菌人的觸角，插在頭頂兩邊。

42 海賊王喬巴便當

菜譜 MENU

●魚露飯 ●五香炸雞塊 ●紫菜魚肉丸子 ●青菜蝦仁 ●蟹肉獅子狗卷 ●鹽水西蘭花 ●奇異果

海賊王喬巴製作

材料： 魚露飯，魚糕（或芝士片），火腿片，蟹肉棒，海苔

做法：

① 魚露拌勻白米飯，用保鮮紙包裹製作球形和圓柱形飯糰。

② 用火腿片包在圓柱形飯糰上，連接①。

③ 魚糕（或芝士片）切條狀，圍在①與②的交界處，用模具刻出雪花形。

④ 用海苔剪出五官，與芝士片做的眼白配合。

43 多啦 A 夢便當

菜譜 MENU

● 海苔包飯 ● 炸鱈魚 ● 紫菜魚肉丸子
● 青菜蝦仁 ● 蟹肉獅子狗卷
● 鹽水西蘭花 ● 奇異果

多啦 A 夢製作

材料： 白米飯，芝士片，海苔

做法：

① 白米飯用保鮮紙包裹製成球形飯糰。
② 海苔剪下半部為拱形的長方形，包在①的飯糰上部，再用保鮮紙包起定型。
③ 用芝士片做成眼白。
④ 用海苔剪成細條和兩個小圓形，擺成多啦 A 夢的五官和鬍鬚。(圖 1 至圖 3)

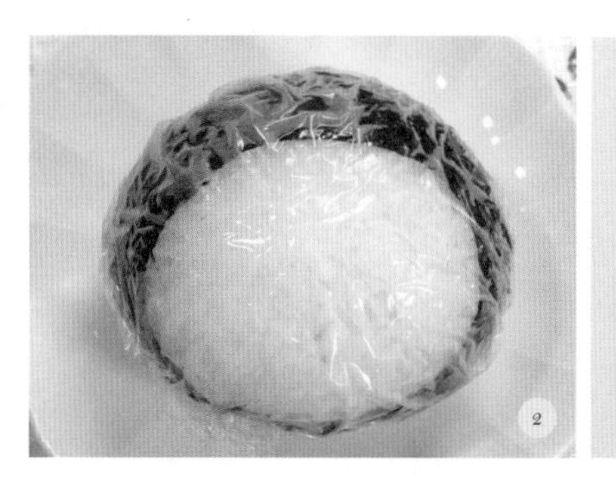

1
2 3

BOURBON
© DISNEY
吸い込み注意
OPEN

44 史迪仔便當

菜譜 MENU

●白米飯 ●榨菜肉絲●蟹肉紫菜蛋卷
●雙色菜肉卷 ●火腿心 ●史迪仔果凍

史迪仔製作

材料：菜鬆白米飯，紅腸，芝士片，火腿，海苔

做法：

① 菜鬆白米飯用保鮮紙包裹製成球形飯糰。
② 海苔剪成長方形包在飯糰上，再用保鮮紙包裹定型。
③ 芝士片用牙籤分別刻出眼睛和毛髮部分，固定在飯糰應有的部位。
④ 海苔剪出眼睛和毛髮，貼在③的芝士片上。
⑤ 紅腸切成圓角的三角形鼻子。
⑥ 將火腿對摺後上下摺起，放在飯糰兩側，做成耳朵。

45 小貓棉花糖便當

菜譜 MENU

- 白米飯
- 蟹肉可樂餅
- 三丁大蝦
- 蛋花卷
- 粟米仔火腿花
- 草莓

小貓棉花糖製作

材料： 白米飯，炸魚肉餅，火腿片，海苔

做法：

① 白米飯用保鮮紙包裹製成一大兩小球形飯糰，再捏出小貓身體部分，以長條形飯糰做尾巴。（圖 1）

② 分別將①按頭、身體、尾巴和貓爪擺放好。

③ 炸魚肉餅切底邊為弧形的三角做耳朵。（圖 2）

④ 用海苔剪出五官和貓鬚。（圖 3）

⑤ 用火腿片做成臉頰。

1
2
3

46 海綿寶寶便當

菜譜 MENU

● 番茄蛋炒飯 ● 火腿芝士 ● 炸帆立貝柱 ● 春卷
● 香腸章魚 ● 橘子果凍

海綿寶寶製作

材料：番茄蛋炒飯，車打芝士片，火腿片，蟹肉棒，魚肉腸，海苔

做法：

① 豌豆、紅蘿蔔丁、粟米粒、魚糕、蝦仁、番茄炒蛋飯裝盒鋪平。
② 分別將兩片車打芝士片和火腿片用模具切出帶波紋的方形。
③ 最上面一層芝士片用吸管壓出數個圓洞和嘴巴形狀。
④ 第二張芝士片在嘴的位置放上紅色蟹肉棒。
⑤ 將③壓在④上，最底層放火腿片。在嘴的部分放兩個小方形白色魚糕做牙齒。
⑥ 車打芝士片切兩個圓形做臉頰，上面黏貼魚肉腸刻出的三個小圓形。
⑦ 用魚糕和海苔做成眼睛。

47 鬆弛熊便當

菜譜 MENU

● 白米飯 ● 魚露飯 ● 心形甜醋壽司飯
● 蛋卷噗噗雞 ● 可樂餅 ● 鹽水大蝦
● 素炒蘆筍 ● 菜花沙律 ● 香腸火腿卷

鬆弛熊和牛奶熊製作

材料： 白米飯，魚露飯，芝士片，魚糕，海苔

做法：

① 魚露飯用保鮮紙包裹製成一大四小的球形飯糰；白米飯用保鮮紙包裹製成一大兩小的球形飯糰。

② 棕色魚露飯糰做成鬆弛熊；白色飯糰做成牛奶熊。

③ 用車打芝士片刻出心形和圓形，做成鬆弛熊的耳朵和嘴巴；用白色芝士片刻出圓形；粉色魚糕刻成心形，做成牛奶熊的耳朵和嘴巴。

④ 用海苔剪出五官。

春節便當

春節期間的中華街紅黃錦旗翻飛，燈籠搖曳，人山人海，好不熱鬧！「歡慶舞蹈遊行」在每年正月的第一個星期日舉行，是春節期間最重頭的節目。這天着各式中國民族服裝的遊行大隊、龍獅舞，從關帝廟大街的山下町公園起始，周遊中華街主幹路，沿途人聲鼎沸，鑼鼓喧天，龍騰獅躍，令人眼花繚亂。春節這場「歡慶舞蹈遊行」，動員觀衆數十萬，街上各家店鋪生意興隆，忙得熱火朝天。

孩子們的幼兒園是日本有百年歷史的老牌華僑學院的附屬幼兒園。週一英語、週二體育、週三獅龍舞、週四製作（包括做料理種果木）、週五中文，之外還有唱遊、口風琴、圖畫之類，大班時還有電腦課。在接觸中文教育的同時，我也在日常生活中融匯日本的食材，做出我們中國傳統的料理。東北菜中的松蕈燉雞、番茄魚柳、燒雙冬、香菇釀肉等幾十種菜餚，都曾出現在給孩子們做的便當裏。在把中國味道融入便當的同時，我也會製作孫悟空、年年有魚之類帶中國元素的便當給孩子們。

每年大年初三，中華街都有盛大的採青賀年表演，採青是傳統舞獅的一個固定環節。春節期間，「獅子」用一系列的套路表演，獵取懸掛於高處或置於盆中的「利是」，因「利是」往往伴以青菜（生菜為多），故名為「採青」。採青一般包括操青、驚青、食青、吐青等套路。當彩禮用竹竿挑起高懸時，舞獅人搭人梯登高採摘，人梯搭得越高，則技藝越高，掛「青」者多會圖得吉利，鞭炮齊鳴，熱鬧喧騰。孩子們所在的幼兒園大中班組合，分為ABCD四班，應各處之邀前往採青賀年表演。曲目分兩個，一個是日語的《小小世界》，另一個是中文的《快樂好年華》。走在中華街上，穿著中國服裝的娃娃們依然是一道奪目的風景，觀光遊人跟在孩子們身後狂呼「卡娃依（可愛）」，表演結束後，各家店裏都搶着給孩子們派紅包並贈送熱乎乎的燒賣和餃子。

拜年演出的最高潮，莫過於拜關帝的龍舞和獅子舞表演。金碧輝煌的關帝廟廣場上萬人矚目之中，年僅五、六歲的孩子們隨着鑼鼓聲，嫻熟華麗地舞動着15米的長龍，紅紅的小臉蛋繃得緊緊的，目光炯炯，在熱烈的掌聲和喝彩聲中，小小的巨龍帶着中國娃娃們的自豪感騰空而起。

中華學院
中華學院

Merry
CHRISTMAS

48 熊貓便當

菜譜 MENU

白米飯　五香炸雞　香腸　意大利粉　草莓

熊貓製作

材料： 白米飯，紅腸，芝士，甜煮黑豆，海苔

做法：

① 白米飯用保鮮紙包裹，捏成球形飯糰。
② 紅腸切頭；芝士切圓形，上下連接後，以果籤固定在飯糰上。
③ 甜煮黑豆用乾意粉固定在飯糰頂部兩邊，作為熊貓的耳朵。
④ 用海苔剪出五官。

49 小虎便當

菜譜 MENU

●鹽味蛋黃米飯 ●青菜炒大蝦 ●油淋雞
●竹筍燴海貝 ●秋葵蛋卷 ●西蘭花 ●鹽水紅蘿蔔

小虎製作

材料：煮雞蛋黃，白米飯，海苔

做法：

① 將煮雞蛋黃搗碎，加少許鹽，與白米飯混合攪拌均勻，用保鮮紙包裹，捏成一大三小的球形飯糰。

② 將飯糰按小虎造型擺好，用海苔分別剪出五官、腳掌印和毛鬚。

50 拜年便當

菜譜 MENU

● 白米飯 ● 番茄燜大蝦 ● 竜田油炸三文魚 ● 秋葵蛋卷
● 秋葵獅子狗卷 ● 素炒菜花 ● 鹽水豌豆西蘭花

Kitty 製作

材料： 白米飯，紅腸，蟹肉棒，粟米粒，海苔

做法：

① 將白米飯用保鮮紙包裹，捏成一大兩小的球形飯糰、一個三角形飯糰，大的圓球飯糰在頂部兩端捏出兩個耳朵形狀。
② 蟹肉棒鋪平，包住三角形飯糰。
③ 兩條紅腸分別切下兩頭做成袖子；另一條切下一頭用果籤固定做成帽子。
④ 用海苔剪出眼睛、鬍鬚及衣帽的裝飾。
⑤ 粟米粒灼熟，固定在臉部正中。

廚房裏的親子時光

小時候媽媽工作忙，三代同堂，每天都是外婆做三餐。記得自己最初幫忙，是「摘韭菜」，然後是「削馬鈴薯皮」。外婆是位巧手廚娘，她能變着花樣給我們做出各式佳餚，特別是麵食。我最喜歡給外婆做的「糖佛手」上點食紅，或拿專用的木質梳子，給饅頭壓花紋，作為獎賞，外婆會把剛剛出鍋的點心果子給我嘗鮮。媽媽很好地繼承了外婆的美食巧手，而我如今終於也磨成了和孩子們一起快樂餐飲的「煮婦」。

幼兒從兩、三歲時起，手指就可以靈活動作，好奇心也隨之旺盛起來。特別是對媽媽做的事情最感興趣。這個期間如果對「做飯好有趣」、「自己做的東西真好吃」毫無感受的話，慢慢就會對食物本身的關心變得淡薄，有可能誘發成偏食和愛吃速食食品的習慣。

孩子們用黏土創作自己喜愛的東西做遊戲，其實也是對「做飯」一種變相的喜好。如果用真正的食品材料做出真正能吃的東西，就是把「空想的遊戲」變為「好吃的現實」，對培養孩子的探求心和積極參與的意欲都是有很大的作用。

同時，親子同心協力完成一件事，既可促進親子間交流，又可培養孩子的協調性，並且很容易給孩子帶來成就感。製作過程本身，也是培養韌性、耐性和秩序性的過程，選擇簡單可口的菜品，和寶寶們一起動手，讓孩子們更加愛上吃飯。

親子廚房心得

① 和孩子一起下廚，要選擇媽媽有充裕的時間和好心情的時候。

② 先從簡單入手。

③ 不追求完美，重視「參與」與「互動」過程。

④ 隨時表揚，同時不要忘記對孩子說「謝謝」。

51 小刺蝟的秋天

秋天裏的小刺蝟們，在落葉和橡果間玩耍。

小刺蝟飯糰

材料：米飯，杏仁片，海苔

做法：

① 白米飯用保鮮紙包好捏成橢圓形。
② 杏仁片在乾炒鍋中用小火慢慢烘成邊緣呈金黃色，盛出充份待涼後，插在飯糰上。
③ 用海苔剪出鼻、眼、嘴，貼在相應處，用牙籤蘸番茄醬點在兩腮上。

咖喱飯

材料：肉（牛肉、豬肉、雞肉均可）

菜：馬鈴薯，紅蘿蔔，洋葱

調味料：食用油，鹽，咖喱粉

做法：

① 肉切塊，在湯鍋裏放少量油，炒至八成熟。

② 馬鈴薯、紅蘿蔔、洋葱切塊，用剩下的油把紅蘿蔔、洋葱略炒，用大火把盛有肉、洋葱、紅蘿蔔的湯煮至沸騰，放入馬鈴薯煮 15 分鐘，關火，靜置 10 分鐘。

③ 咖喱粉用少量冷水拌勻（咖喱粉的用量可根據自己的口味調整），倒入鍋內攪勻，一邊嘗味道，一邊加入咖喱粉。

④ 鹽根據口味加減份量。

香腸蘑菇橡果

材料：香腸，蘑菇

做法：

① 香腸和蘑菇放入沸水灼熟。

② 蘑菇切下蘑菇頭，香腸切半，用油煎後的乾意粉固定蘑菇頭和香腸頭，做成橡果。

紅蘿蔔楓葉和雞蛋餅銀杏葉

材料：紅蘿蔔，雞蛋

做法：

① 紅蘿蔔用開水灼熟，切片，用模具刻出楓葉形。

② 雞蛋煎薄餅，用廚房剪刀剪成銀杏樹葉形。

鵪鶉蛋小刺蝟

材料：鵪鶉蛋，意大利粉，紅蘿蔔，海苔

調味料：醬油

做法：

① 煮熟的鵪鶉蛋一半泡入醬油內待 30 分鐘。

② 意大利粉用油煎至金黃色。

③ 取出鵪鶉蛋，擦乾，在顏色面插上煎過的意大利粉做成小刺。

④ 用紅蘿蔔切薄片成小圓錐形，插入鵪鶉蛋做成小刺蝟耳朵。

⑤ 用海苔剪出鼻、眼、口貼在適當的位置，用牙籤蘸番茄醬，點在兩腮。

52

動物可樂餅

可樂餅，是富含蔬菜、大人孩子都喜愛的營養食品。普通的可樂餅是用油炸製成的，這裏介紹一種不需要油炸，同樣香噴噴及美味的可樂餅做法。由於做法簡單有趣，和寶寶一起做最開心。

1 2
3 4

可樂餅（10 個份）

材料： 馬鈴薯 2 個，洋葱 1/4 個，牛奶 100 毫升，粟米粒 15 克（可用碎魚肉、碎雞蛋、三色豆代替），蛋黃醬 15 克，麵包糠 20 克（圖 1）

做法：

① 馬鈴薯去皮、切塊，煮熟後瀝乾水分，用叉子壓碎。

② 洋葱切碎，放少許油炒至金黃，待涼後和牛奶、粟米粒、蛋黃醬（可省略）一起與馬鈴薯攪拌成馬鈴薯泥狀。（圖 2）

③ 將麵包糠炒至金黃，待涼，倒入盤中備用。（圖 3）

④ 用匙羹取一匙拌好的馬鈴薯泥，用手捏成圓形，蘸炒好的麵包糠，放在鋪了錫紙的烤盤上。（圖 4、圖 5）

⑤ 放入焗爐焗 5 至 8 分鐘即可。（如不用焗爐，可在平底鍋放少許油，加蓋用小火燜 5 分鐘。）

小熊、小兔可樂餅和鵪鶉蛋小雞（圖 6）

做法：

① 小熊：鵪鶉蛋煮熟切片做成耳朵；雞蛋頂部做成嘴及鼻；海苔做五官。

② 小兔：青瓜切薄片，對稱做成耳朵；海苔做眼睛。

③ 鵪鶉蛋小雞：鵪鶉蛋煮熟，環繞切成鋸齒形，將蛋白移開，用海苔或黑芝麻做眼睛。

小蜜蜂和小雞可樂餅（圖 7）

做法：

① 小蜜蜂：用海苔做眼睛；杏仁片做翅膀。

② 小雞：用海苔做眼睛；紅蘿蔔做嘴巴。

5	6 7

53

動物麵包

（5 至 6 人份）

材料： 高筋麵粉 120 克，乾酵母 4 克，砂糖 15 克，鹽少許，牛奶 80 毫升，牛油 15 克（使用前 1 小時由冰箱取出，自然融化），巧克力豆、雞蛋液各少許，乾意粉適量，乾淨的食品塑膠袋數個

做法：

① 容器內放入高筋麵粉、鹽和砂糖，用手輕輕攪拌後，在中間挖一個小坑，放入乾酵母。（圖 1）

② 將 80 毫升牛奶用微波爐稍加熱至攝氏 36 度，倒在乾酵母上。（圖 2）

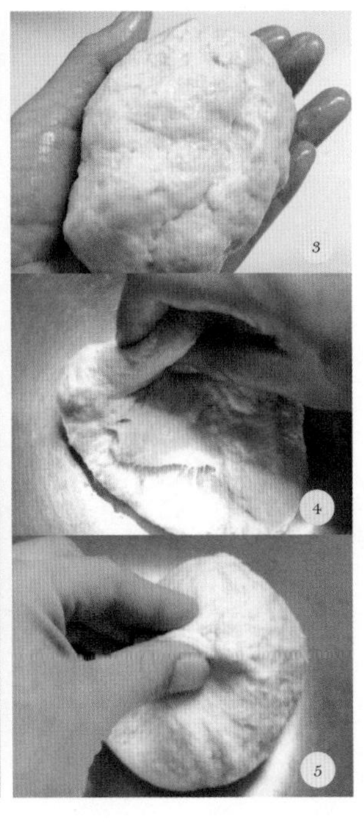

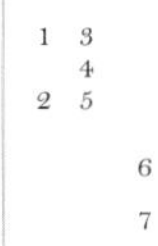

③ 加入融化的牛油，一邊揉一邊攪拌，至麵糰離手成糰。（圖 3）
④ 反復揉麵糰 10 分鐘，至表面光滑可壓成薄片。（圖 4）
⑤ 將麵糰四角相合後捏好，結口向下放入預備好的食品塑膠袋，密封，放在烤盤上。（圖 5）
⑥ 焗爐設定為攝氏 110 度，預熱 1 分鐘後停止，把烤盤和麵糰一起放入焗爐，發酵 30 分鐘。（發酵至 1.5 倍大；如發酵不足，可再加 10 分鐘。）
⑦ 將塑膠袋取出，兩邊剪開鋪在案板上，麵糰切成六等分。（圖 6）
⑧ 將各麵糰做成小老虎或其他動物造型，成形後塗雞蛋液上光，用巧克力豆做眼睛，乾意粉做鬍鬚，放在鋪好牛油紙的烤盤上。（圖 7）
⑨ 焗爐提前預熱至攝氏 180 度。
⑩ 將麵包放入焗爐烤 10 分鐘。如果底部沒有烤成焦黃色，可再追加烤 3 至 5 分鐘。

54

輕乳酪小蛋糕

週末的餐桌，為寶寶和媽媽們的聚會添加一品，既好吃又不甜膩，不用焗爐也可以做簡單可愛的輕乳酪小蛋糕。

內餡材料：（直徑 16 厘米蛋糕一個）
忌廉芝士 200 克，乳酪 200 克，動物性淡忌廉 100 毫升，
檸檬汁 15 克，砂糖 70 克，魚膠粉 10 克，水 70 毫升

撻皮材料：
消化餅乾 70 克（10 至 12 塊），牛油 40 克

裝飾材料：
什錦果醬，糖飾，小餅乾

做法：

① 忌廉芝士和牛油在常溫中軟化。
② 錫紙鋪墊在模具上。（圖 1）
③ 餅乾放進塑膠袋，用擀麵棒搗碎，混合牛油攪拌。（圖 2）
④ 將已混合的餅乾鋪在模底層作為撻皮，略壓實。（圖 3）
⑤ 魚膠粉和水混合，蓋上保鮮紙，用微波爐（500W）加熱 30 秒。
⑥ 在攪拌盆內，放入忌廉芝士、砂糖，輕輕攪拌後用打蛋器攪拌。（圖 4）
⑦ 按乳酪、動物性淡忌廉、檸檬汁的順序加入⑥內繼續攪拌。
⑧ 將⑦的溶液倒入④模具內（圖 5），放進冰箱冷卻 3 小時。
⑨ 取出蛋糕盛盤。（圖 6）
⑩ 將什錦果醬和糖飾裝點在蛋糕上；小餅乾貼在四周，在蛋糕中心配上糖飾。

1	2
3	4
5	6

後記

花式便當的演變

日本的便當文化與中國淵源深遠。日語的「弁當」讀音近似中文的「便當」，其實這個有着「方便」意義的名稱，是來源於南宋時期的俗語，日本室町時代（1336至1573）曾有將食物放入竹編食盒的習慣，而中國則有大型且方便的「如意籃（或如意盒）」，取其「便利、方便」之意，稱為「便當」。「便當」最初傳入日本時，使用了諧音的「便道」、「辨道」對應漢字，逐漸演化成今日的「弁當」，並以「BENTO」這個單詞走入歐美的生活字典。日本便當文化的繁衍進化與他們的「冷了也好吃的米飯」有很大的關係。

安土桃山時代（1573至1603），日本正月的節日料理使用多重套盒作為容器，因此有織田信長是第一位吃便當的人之傳說。到了江戶時代（1603至1867），便當走向了民間，「賞花便當」、「觀劇便當」、「野良便當」、「夜勤便當」及用竹葉包裹的「旅行便當」開始盛行。

雖然日本如今外餐速食和便利店能提供多樣的午餐條件，但是從學生到成人帶便當的人依舊不在少數，特別是妻子為了丈夫做的「愛妻便當」；母親（或父親）為孩子做的「愛心便當」，這種帶着家庭味道的便當是製作與品嘗的人之交流方式，是一種「愛的味道」。

「花式便當」的出現

曾被稱為「愛心便當」、「卡通便當」的花式便當，起源於日本一位中學生的母親，她為了與進入青春叛逆期不與自己説話的孩子進行交流，想出了這種把形象做成便當給孩子帶餐，以引起交流話題的方式。很快這種花式便當形成風潮，並逐漸成為便當文化的一種形態，融入對幼兒進行食育、知育和美育培養的日常生活中。現在這種便當日益進化，出現各種不同的形式，如用紫菜剪出每天給孩子的贈言和激勵；還有妻子每天將便當做成謎語，丈夫一邊吃着便當，一邊通過手機與妻子溝通謎底，母親和妻子的這一切努力，都給孩子和丈夫的午餐時間增加了無限的樂趣。

便當就像海灘沙畫，難以保留原創。帶餐的便當，被美美地吃掉了，這個便當的「形」就消失了。從這個角度來看，與便當關聯的兩個最奢侈的人，那就是做便當的人和吃便當的人。只有做便當的人，才能體驗在製作過程中的喜悦；只有吃便當的人，才能把這份用心和愛「吃」到肚子裏，這也許就是做便當和吃便當的人的特權。

冰雪消融、生機勃勃的春天；綠樹成蔭、鳥語蟬鳴的夏季；天高雲淡、蘆花飄揚的秋日；瑞雪紛飛、銀裝素裹的冬旬，四季中每一天的帶餐生活裏，方寸之間的便當，作為無盡愛意的載體，是關切與陪伴，是人與人溝通最好的工具，用心做每一個便當，一年後你就會遇見理想的自己。

附錄 1

日本小學的食育文化

小學一年級的初夏，我參加了兒子小學裏的親子午餐會；因為雙胞胎被分在兩個班，所以我很幸運品嘗了兩次校園午餐。在屬於孩子們的環境裏，和孩子們一起吃飯一起體會，本來就已經很開心，而飯菜還超出想像的美味和營養。

日本的食育、學校營養職員們的工作態度、孩子們「配餐當值」的參與，都在親子午餐會上表現得淋漓盡致。

親子午餐會是學校給家長一個品嘗校園午間膳食的機會，通過這個活動，不僅可以讓家長們瞭解學校在膳食營養及衛生方面下的功夫，同時可以觀察孩子們在家庭以外的飲食表現。

日本的學校注重「飲食、運動、修養」三結合來維持每天健康向上的生活和心態。特別是對於身心都在發育中的孩子們，這一切更為重要。日本政府制定了「食育基本法」，學校以基本法為準繩，策定食育計劃，在飲食過程中以活教材來教導孩子們飲食的正確方式，並在實施過程裏令孩子們培養出良好與人交往的能力，和育成孩子們自我守護健康的個人管理能力。

橫濱市立小學的年度膳食表，是由橫濱市200名有執照的「營養師」集體研討決定。每天的膳食都注意到主食、主菜、副菜、水果、飲料等各方面的攝取量和營養均衡。食品採買也以支持本地為準，採用市內出產的精選安全農產品。孩子的小學校因為有自己的農場，所以蔬菜類更是選擇身邊最近的產品，並同時加入學校獨自的營養膳食安排。學校本身有自產自銷能力，加上僱用的營養職員廚師多，故主副食的種類也更加豐富多樣。

主食方面，米飯每週三次（其中包括白米飯、菜煮飯、麥飯、

横浜牛乳

胚芽米飯等）；麵包每週兩次（各種類型的麵包）；麵條類每月一至兩次。副食類分為煮、炸、炒、蒸、拌、湯燴菜、燉菜、沙律菜等。和食、西餐、中餐等料理都安排其中。教授健康的吃法，並在每天設定一種蔬菜或水果作為「飲食教育」的現場教材。每天補鈣的牛奶，是當地產的、成分無調整的普通牛奶。

在衛生方面，除了乾菜類和調味料外，其他一律前一天或當天進貨。每年6月至10月，這個容易出現食物中毒的期間，會限制食品使用。即使是小的海藻類和芝麻，也會在篩布上攤平挑出可能混入的沙粒等，所有飯菜都是當天做，在午飯前由校長親自品嘗檢食。為了預防有可能發生的食物中毒，當天使用的材料和做好的飯菜會保留「樣品」兩週，以防萬一時，馬上查出原因。所有器具包括機械類都進行殺菌消毒處理，膳食人員一年一次健康檢查，每月兩次驗便，進行徹底的健康管理。廚房由區福祉保健中心進行一年一次的定期檢查，學校藥劑師進行每月一次的定期檢查。

學校還設定了「配餐當值」，每週各組學生輪流當值，培養孩子們自立和幫助他人的良好品行。

非常巧的是，我參加兩班的午餐會，都是趕上兩個兒子在各自班裏值班。值班的小朋友首先要上洗手間，然後洗手消毒，戴上白帽、口罩，穿上白衣整裝待命。全班按各小組位置將書桌拼成數組。值班的小朋友和營養員老師們一起將午餐膳食車推進教室，由老師們負責分發。其他孩子們則站成一列，開始以各組為單位，各自端着食盤排隊領食品。午餐會當天，孩子們不僅領了自己的份餐，還給坐在各組的媽媽們各領一份。值班的孩子們在分派食品結束後，脱下白衣，疊好，收入袋內。

吃飯前的感謝，不僅是對提供飲食的老師們，同時也對食物本身進行感謝。營養老師在大家吃飯時，開始預備當天的食育提問教材。主任老師每天午飯時都在不同座位上和各組的學生交流。飯後的講究更多，牛奶盒的解體方法、吸管的收集方法、食品容器的分類等，孩子們都做得十分嫻熟老道，整理得井井有條。最後在充實愉悦的氣氛中，媽媽和孩子們一起合掌：多謝款待！

附錄 2

《均衡飲食指南》

2005年日本厚生勞動省和農林水產省發表的《均衡飲食指南》，用以中心軸旋轉的陀螺形象，解說維持健康的飲食生活、每天需要攝取的食物量的大致目標。分成主食、副菜、主菜、乳製品和水果五項，對烹飪的菜餚形式予以說明。如果每天攝取的營養不能達到目標，久而久之旋轉的陀螺就會失去平衡而傾斜，意味着健康失調。

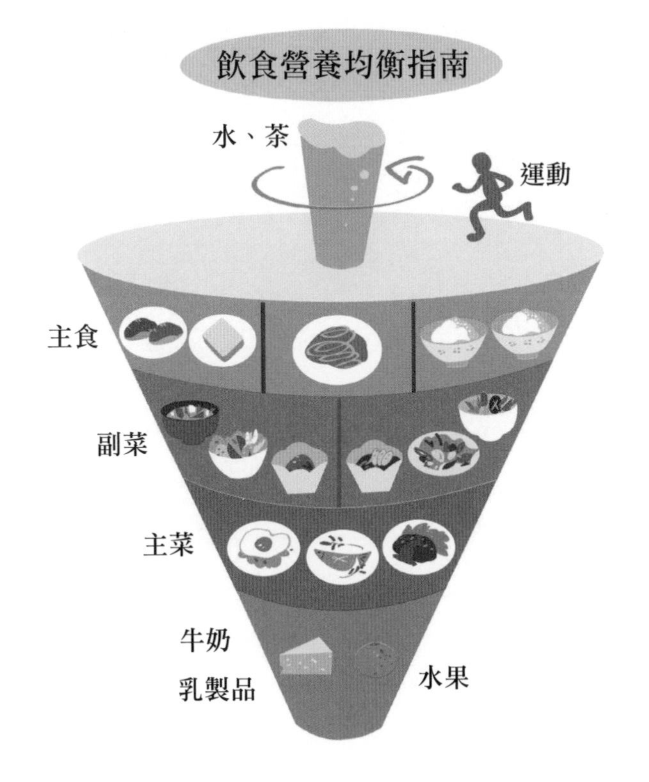

附錄 3

均衡營養食譜搭配基準

★ **副菜**

主菜其次份量的菜餚，以蔬菜、薯類、豆類、菌類為主，煮燉炒的菜式及沙律。是補給維他命和植物纖維的泉源。

★★ **副副菜**

以蔬菜、海藻類、涼拌菜或醬菜為中心，富含礦物質營養素和植物纖維，是調整身體的要素。

★ **主菜**

一餐中最大份量的主菜，是以魚、肉、蛋、大豆製品等蛋白質為中心，生成血液和肌肉的重要菜餚。

★★ **主食**

米飯、麵包、麵等糖質成分為主的食物，是能量的主力，配以雜穀飯更有利於增加礦物質營養素和植物纖維。

★（紅色）= 促進身體成長的食品

★（綠色）= 調整身體的食品

★（黃色）= 產生能量的食品

★★★ **湯**

蔬菜、蘑菇、海藻等，未放入主菜、副菜和副副菜的食材及調味料，除了廣泛攝取營養外，也是形成味覺不可或缺的食物。

飲食營養均衡搭配，以紅、綠、黃三色食物群分類。

紅色食品（生成強化骨質、血液和肌肉的元素）

- **第 1 組：**以蛋白質為主要成分的食品，包括魚、肉、雞蛋、豆類、豆製品等。
- **第 2 組：**牛奶、小魚、海藻等富含鈣質的食品。
- **主要包括：**豬肉、牛肉、雞肉、大蝦、魚類、螃蟹、小魚、魷魚、三文魚、火腿、煙肉、雞蛋、豆腐、鵪鶉蛋、大豆、豆腐、韓式味噌醬、豆奶、牛奶、乳酪、魚糕、海藻、海苔等。

綠色食品（調整身體狀態的要素）

- **第 3 組：**富含維他命 A、維他命 C、鈣質及植物纖維為主的綠、黃色蔬菜。
- **第 4 組：**含維他命 C 和鈣質的淡色蔬菜及水果。
- **主要包括：**西蘭花、粟米、白蘿蔔、椰菜、白蘑菇、香菇、杏鮑菇、圓蘿蔔、南瓜、芸豆、小松菜、青椒、番茄、豆芽、白菜、洋葱、竹筍、茄子、紅蘿蔔、牛蒡、韭菜、青瓜、大蒜、薑、大葱、蘋果、桃子、香蕉、檸檬等。

黃色（熱量和力量的能源）

- **第 5 組：**穀類、薯類、砂糖等含蛋白質、維他命 B_1 的碳水化合物食品。
- **第 6 組：**油脂類。
- **主要包括：**米飯、魔芋、意大利粉、通心粉、小麥粉、烏冬、蕎麥麵、糯米粉、馬鈴薯、番薯、山藥、芋頭、栗子、芝麻、粉條、煎餅、砂糖、牛油、蛋黃醬、沙律油、芝麻油等。

給孩子的最萌便當

作者
neinei（葉霖）

責任編輯
簡詠怡

封面設計
陳翠賢

排版
何秋雲

出版者
萬里機構出版有限公司
香港鰂魚涌英皇道1065號東達中心1305室
電話：2564 7511
傳真：2565 5539
電郵：info@wanlibk.com
網址：http://www.wanlibk.com
http://www.facebook.com/wanlibk

發行者
香港聯合書刊物流有限公司
香港新界大埔汀麗路 36 號
中華商務印刷大廈 3 字樓
電話：2150 2100
傳真：2407 3062
電郵：info@suplogistics.com.hk

承印者
中華商務彩色印刷有限公司
香港新界大埔汀麗路 36 號

出版日期
二零一九年十一月第一次印刷

ISBN 978-962-14-7141-3